U0353303

矿山钻探救援技术

主　编　李关宾
副主编　郭方铭　徐志强　王效勤
参　编　滕子军　卢忠良　孔　楠
　　　　张瑞廷　郭　涛

中国矿业大学出版社
·徐州·

内 容 提 要

本书以安全、快速救援为目标,提出了矿山救生、矿山排堵水、矿山防灭火救援及设备配套方案,阐述了空气钻井、液体钻井、喷射钻井、固井计算,以及定向井和水平井井眼轨迹设计与控制方面的关键技术,推荐了三款定向井钻头和一款水平井钻头,介绍了矿山救人和矿山治水方面的六个案例。

本书可为矿山钻探救援者提供参考,也可为制定矿山钻探应急救援的相关技术标准、规程提供参考。

图书在版编目(C I P)数据

矿山钻探救援技术 / 李关宾主编. — 徐州 : 中国
矿业大学出版社,2020.12
ISBN 978 - 7 - 5646 - 4942 - 5

Ⅰ. ①矿… Ⅱ. ①李… Ⅲ. ①矿山救护—钻探工程
Ⅳ. ①TD77

中国版本图书馆 CIP 数据核字(2020)第269299号

书　　名	矿山钻探救援技术
主　　编	李关宾
责任编辑	何　戈
出版发行	中国矿业大学出版社有限责任公司
	(江苏省徐州市解放南路　邮编 221008)
营销热线	(0516)83884103　83885105
出版服务	(0516)83995789　83884920
网　　址	http://www.cumtp.com　E-mail:cumtpvip@cumtp.com
印　　刷	江苏凤凰数码印务有限公司
开　　本	787 mm×1092 mm　1/16　印张 12.75　字数 315 千字
版次印次	2020 年 12 月第 1 版　2020 年 12 月第 1 次印刷
定　　价	48.00 元

(图书出现印装质量问题,本社负责调换)

前　言

目前我国约有 5 300 家煤矿和 3 万余家非煤矿山。我国矿山安全生产形势总体稳定,区域好转,但形势依然严峻,重特大事故时有发生。原国家安全生产监督管理总局的数据显示,自 2002 年煤矿事故死亡人数达到峰值 6 995 人,至 2011 年,煤矿事故死亡人数连续多年下降,2011 年煤矿事故死亡人数已降到 1 973 人。据中国产业调研网,2018 年全国煤矿共发生事故 224 起、死亡 333 人。要实现矿山安全生产状况的持续好转,需要长期艰苦不懈的努力。同时,矿山应急救援技术进步和队伍建设任重道远。

以下几种矿山事故发生时可考虑在地面钻探实施救援:因顶板垮落而堵塞巷道,而造成人员被困;因透水带出的淤泥堵塞巷道,而造成人员被困;透水淹井后,注浆封堵水源,实现快速恢复生产;井下发生区域性火灾,人员被困井下;煤层自然发火失控,井巷封闭后从地面布置钻孔直接灭火。

矿山事故发生后,首先救人,然后是矿山恢复。救人首先考虑通过现有通道搜救被困人员,但矿工一般被困在工作面或采区,离井口较远,救援人员要想到达采区,一般都要清理巷道、新掘绕巷等,时间长,危险性高。地面快速钻井救人国内外均有成功的先例:先钻小井眼,解决被困矿工延长生命问题,包括通风、送给养、通话等,称为生命通道;然后,选择直径 660 mm 以上井径的大眼井,实施地面垂直救援,称为救生通道。

矿井突水(透水、溃水)是指矿井周围含水层的水突然集中涌入矿井,超过矿井的排水能力,导致矿井被水淹没的情况。采空区、废弃老窑、封闭不良钻孔,断层、裂隙、褶曲,陷落柱,瓦斯富集区,导水裂隙带,地下含水体,井下火区,古河道冲刷带、天窗等,都是隐蔽致灾地质因素。矿井水害不但威胁人员、矿井的安全,也使大量资源无法开采。据统计,中国煤矿受水害威胁的面积和严重程度均居世界各主要采煤国家首位,有 60% 的煤矿不同程度地受到底板岩溶承压水的威胁,仅华北地区受其危害的矿井就有 230 多个,造成 40% 左右的煤炭资源不能正常开采。这些水害的治理周期长,耗资大。

矿山救援队伍要"拉得动、动得快、打得赢",这就要求有一套安全、快速的钻探救援方案,遇到事故能迅速实施救援,最大限度地挽救生命、降低经济损失。目前,国内外在矿山事故钻探救援方面还未见系统解决方案,虽均有钻孔救人、堵水、防灭火的事例,但未见形成技术体系和规范标准。

钻探技术在矿山应急救援中的主要作用体现在三个方面:快速救人、矿山排堵水、矿山防灭火。针对这三方面的作用,山东省矿山钻探应急救援中心在了解国内外矿山钻探救援技术现状的基础上,请教国家、省、市应急救援管理部门的领导及专家,到科研院所、高等院校、矿山企业、地勘单位等进行了广泛调研,总结多年来抢险救援的成功经验,并针对关键技术进行了梳理,以期对矿山钻探应急救援提供参考。在此向给予山东省矿山钻探应急救援中心关心、支持、指导、帮助的专家学者表示衷心的感谢。

本书主要内容包括:以安全、快速救援为目标的矿山救生、矿山排堵水、矿山防灭火救援方案;设备配套方案;空气钻井技术;液体钻井技术;喷射钻井技术;固井计算;定向井、水平井井眼轨迹的设计与控制技术;定向井、水平井钻头选择;六个抢险救援案例。由于水平有限,书中不足之处在所难免,敬请批评指正。

编　者

2019 年 7 月

目　录

1 矿山钻探救援方案

1.1 矿山救生

世界上第一、第二次大口径钻孔救人成功事例分别发生在美国和智利:2002 年 7 月,美国宾夕法尼亚州奎溪煤矿发生透水事故,救援人员通过地面大直径钻孔,历时 77 h 将被困 80 m 左右井下的 9 名矿工成功救援升井;2010 年 8 月,智利圣何塞铜矿发生井筒坍塌事故后,利用地面钻孔的方式,历时近 70 天将被困 700 多米井下的 33 名矿工成功救援升井。

随着山东平邑"12·25"石膏矿坍塌事故大口径钻孔救援的成功,中国实现了世界矿山救援史上第三例大口径钻孔成功救援。而在之前国内矿山救援成功案例中,几乎采用的都是井下巷道掘进的救援方式。

实际上,早在 2010 年,中国矿难就已经开始使用钻孔救援。比如 2010 年的王家岭矿难、骆驼山煤矿透水事故的救援就曾经使用过,但当时的钻孔都是小直径的保命孔,即生命通道。

钻孔救生技术是以拯救生命为目的,通过高效精准的钻孔工程,综合运用钻探技术、物探技术、视频通信、医疗救治、心理干预、生命支持等高新技术的应急救援技术。

1.1.1 世界第一、第二次事例

1.1.1.1 美国宾夕法尼亚州奎溪煤矿透水事故钻孔救生

(1) 事故主要救援经过

2002 年 7 月 24 日 9 时 15 分,奎溪煤矿在开采过程中误穿采空区发生透水,矿井被淹,9 名矿工被困于距地面 80 m 左右的独头巷道里,被困矿工敲击用于支护巷道的锚杆,救援人员通过地音探测仪得知有被困矿工存活并准确定位,运用车载顶驱式钻机打了 3 个 $\phi 600$ mm 的钻孔,利用钢管特制了专门的提升仓,整个救援历时 77 h,通过钻孔将 9 名被困矿工救出。

(2) 成功救生的要素分析

奎溪煤矿事故应急救援是第一次采用车载顶驱式钻机实施钻孔救援,其成功的要素主要是:

① 矿工们经过安全培训获得了被困求援的知识,受困等待救援时有规律地间歇敲击锚杆或岩壁,向外传递信息,为确定人员被困位置创造条件。

② 运用 GPS 导航定位系统精确定位钻机位置,指示钻孔方位。

③ 被困人员处于水位下封闭空间,配合钻孔施工采用大功率水泵强制排水,降低水位以平衡水压气压,保证了矿工所在巷道有足够的空间。

1.1.1.2 智利圣何塞铜矿事故钻孔救生

（1）智利圣何塞铜矿钻孔救援的主要经过

2010 年 8 月 5 日,智利圣何塞铜矿发生井巷坍塌事故,33 名矿工被困井下约 700 m 处。当地采用地面钻孔措施,经过近 70 天救援,被困矿工全部获救。

圣何塞铜矿是位于智利北部的一座私营小矿。2010 年 8 月 5 日,在距井口 510 m 处发生井巷坍塌,33 名矿工被困井下,事故发生后 3 支矿山救护队通过矿井通风井进入井下救援,8 月 7 日再次发生大面积垮塌,被迫撤出,随即采取了钻孔救援措施,钻孔救援经历了两个阶段。

第一阶段用三台 T685 型钻机施工了 ϕ108 mm、ϕ120 mm、ϕ146 mm 的钻孔,探查事故后矿井环境和人员情况。8 月 22 日,ϕ108 mm 的钻孔打通被困矿工所在的巷道,随后其他两孔也相继打通,利用石油勘探钻孔测孔窥视仪等物探设备与井下建立了视频通信联系,投送食物、药品和生活物资,考虑到被困空间环境恶劣,美国宇航局 4 名医师和心理专家提供了生存指导。

确定被困人员位置后,第二阶段采用大直径钻孔实施营救措施。制定了 3 套钻孔方案,第 1 套方案利用澳大利亚生产的 Strata950 型钻机,首先打一个 ϕ110 mm 的导向孔,再扩大孔径至 ϕ700 mm,设计孔深 700 m,计划 4 个月完工。第 2 套钻孔方案采用美国生产的 schramm 130 型车载式顶驱钻机,利用第一阶段已形成的 ϕ108 mm 钻孔扩大孔径至 ϕ308 mm,再次扩至 ϕ660 mm,设计深度 625 m,计划 2 个月完成。第 3 套钻孔方案利用海上石油开采 RIG-422 型钻机,先打一个 ϕ146 mm 的钻孔,一次扩大孔径到 ϕ900 mm,设计孔深 597 m。

钻孔施工过程中,第 1 套方案因遇到地质破碎带,不断处理钻孔坍塌,始终未能达到设计位置。第 3 套方案设备功率大,日钻进可达 40 m,9 月 20 日开钻,至 10 月 12 日已钻进 512 m。第 2 套方案钻孔施工了 42 天,在井下 624 m 位置打通了至被困矿工所在巷道。在钻孔过程中曾经遇到许多困难,钻进到 274 m 处,碰到矿井内支护巷道的金属支架,钻头被折断。10 月 9 日,钻孔打通后为处理地质破碎带采用了套管护壁措施,最终成功地通过钻孔将被困矿工救出。

（2）成功救生的要素分析

① 准确定位是钻孔救援的基本要素。避灾硐室作为在矿井发生灾害时井下人员临时躲避灾害的安全保障措施,不仅储存的食品维持了矿工 17 天的生存,而且在设计和施工中都有确定的空间坐标,为施工救援钻孔提供了准确的方位和目标。

② 以高科技支撑构建了完整的救援方案是成功救援的保障。救援方案在钻孔施工、遥控探测、视频通信、医疗救治、心理干预等方面都体现了各个领域最先进的技术手段,以及运用军工和航天高科技成果,对可能发生的问题都做出了有效的解答。这是一次高水平的救援,也是人类科技的胜利。

③ "凤凰"提升舱的设计堪称高水平。为避免岩石坠落做了加固仓顶、仓体外置导引滑轮、逃生舱门、舱内人员固定、供氧和生理监控装置、为输送材料和物品专门设计了被称为"白鸽"的提升筒。

1.1.2 救生方案

采用一流的钻探设备、领先的钻探工艺,在确保中靶的前提下,安全、高效贯通生命通道,为被困人员通风、提供给养、建立通信联络等。然后,钻大口径的救生通道救人。

(1)钻生命通道。采用气动潜孔锤钻 $\phi152\sim\phi311$ mm 生命通道,钻孔时要确保井下人员与钻孔位置的安全距离。

(2)钻救生通道。采用气动潜孔锤钻 $\phi311$ mm 孔径导向孔,再扩钻至 $\phi660\sim\phi711$ mm;下套管后直接下救生舱或罐笼救人。

1.1.3 钻孔定位

1.1.3.1 技术基础

救援钻孔定位技术的任务是在矿井灾变发生的情况下快速提供井上、下目标靶位精确的三维坐标。其基础是矿井各种技术性基础资料和各种信息系统。

(1)技术性基础资料

井下目标靶位需要根据矿山基础资料综合判定,因此,事故发生后首先应搜集基本矿图和资料,紧急状态下至少应具备精度满足 ±5 mm 的大比例尺采掘工程平面图、地质地形图、岩层柱状图,以及井上下对照图等,具体如下:

① 煤矿测量"八大图纸"和电子文件。

② 矿井地质和水文地质相关图纸和电子文件。

③ 煤矿通风与安全图纸和电子文件。

④ 煤矿机电相关图纸和电子文件。

⑤ 煤矿"六大系统"相关图纸和电子文件。

(2)矿山信息系统

矿山综合信息系统有助于确定灾变时期救援钻孔的位置,因此,要做好以下工作:

① 健全常设地质、测量、机电、采矿和矿山技术信息专管机构,制定专门的技术管理规定和措施,对技术装备和档案管理提出具体要求。

② 传统地测和矿山信息应全部数字化,及时采取新技术对井下综合信息的采集和管理进行动态更新,建立动态的实时矿山信息系统。其中,三维煤矿安全 GIS(地理信息系统)和嵌入专家决策支持系统的新型煤矿安全 GIS 是一段时间内煤矿安全 GIS 的两个主要研究方向。

③ 建立专门的矿山应急救援指挥与管理信息系统,实现对应急管理机构、救援物资、救护装备的自动化监控与管理,通过预案演练子系统不断提高矿山的安全管理、应急响应和安全培训的效果,通过实时救灾指挥子系统辅助指挥员启动预案,提高应急救援响应的能力。

④ 数字信息的发展方向是信息化和智能化,应适时建立矿井智能化综合决策系统,应用人工智能技术,模拟专家思维方式,建立掘进与采煤工作面灾害预测与治理专家系统。

⑤ 深化物联网和智能网络在矿井的应用,加强地下定位技术的研究,全方位对人员、设备及矿井运行状态进行动态监测,使井下"六大系统"协调工作。其中,全面突破传统矿井巷道中无线通信理论与技术,构建集调度移动通信、机车无线定位和导航、人员定位与追踪、无线可视多媒体监视、移动计算、矿井环境无线安全监测于一体的、功能较为完善的新一代全矿井无线信息系统是未来的发展方向。

1.1.3.2 钻孔终孔位置的确定

若遇水灾,既可以根据透水点和矿山地质测量资料分析地下水位和透水量,利用地下测量导线点和水准点内插计算地下钻孔终孔位的坐标 $K(X,Y,Z)$,也可以根据采掘工程平面图及各种信息系统解析计算地下钻孔终孔位的坐标 $K(X,Y,Z)$。确定救生钻孔的终孔位置。除了考虑以上因素外,全面分析被困人员的避险位置则更为重要,人员位置不准,可能导致整个救援方案的失败。

(1)人员定位系统及其应用

事故发生后,人员定位系统可以提供人员信息,借助地理信息系统、电子矿图可判断人员所在区域和巷道区段,据此可确定最优的救援钻孔终孔位置。

井下人员定位技术属于基于位置的服务(LBS)的室内或地下定位技术的范畴。井下人员定位适用的技术包括蓝牙技术、WiFi、紫蜂(ZigBee)技术、超宽带(UWB)技术、射频识别(RFID),等等,见表1-1。

表 1-1 井下人员定位技术及其比较

	蓝牙	UWB	WiFi	ZigBee	RFID
功耗	较高	低	高	低	低
芯片价格/美元	5	20	24	4	6
通信距离/km	0~10	0~10	0~300	10~75	0~10
接入点/个	7	依标准	32	65 000	32
国际标准	IEEE802.15.lx	待定	IEEE802.2	IEEE802.15.4	ISO
传输速度/s	1 Mb	50~480 Mb	10~110 Mb	10~250 Kb	1 Mb
安全性	高	高	低	中	中
复杂性	很复杂	很复杂	复杂	较简单	简单

其中,RFID具有成本较低、读取数据方便快捷、实时性好、使用寿命长、安全性好、信号的穿透能力强等特点,是目前大部分井下人员定位系统所采用的技术,但定位区域比较小,定位精度不高,不能广泛使用在大区域内;蓝牙的网络扩展性差、耗电高和成本高是最大的阻碍;UWB通信距离有限,标准不统一;WiFi需要复杂的软件和硬件实现;ZigBee由于其具有功耗小、组网大、经过扩展后传输距离长、网络容量大等特性也得到广泛使用。因此,ZigBee和RFID技术是矿井适用的人员定位技术方案,其基本架构如图1-1和图1-2所示,其发展方向是多技术集成。

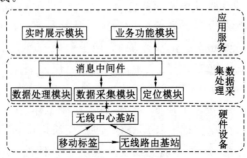

图 1-1 基于 ZigBee 的矿井人员定位系统

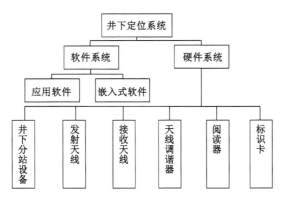

图 1-2   基于 RFID 技术的矿井人员定位系统

（2）根据其他方法判定人员位置

井下"六大系统"的建设自 2010 年以来在全国已经得到普遍重视,但井下"紧急避险系统"的建设起步晚,许多技术还不成熟。若井下建立有避难硐室,避难硐室的位置必须用全站仪等精确测定,并及时在地理信息系统或电子矿图上填绘。一旦事故发生,还可以根据事故发生地点、类型、强度和其他系统信息,结合已经获救及已经逃生人员(若存在)提供的信息,综合判定避难人员位置。

另外,还可以借助地音仪、探测定位仪、大地音频、瞬变电磁、三维地震等技术对地下水体、地下空腔和地下人员的位置进行探查。特殊情况下,用地音仪监测井压变化,判断塌方和冒顶位置;用探测定位仪对地下空腔、磁性、特殊标志物进行探测,大地音频、瞬变电磁、三维地震等技术也可以作为地下人员的位置探查的辅助手段。

（3）地下终孔位置的检核及优化

无论使用何种方法,地下终孔位置都有检核条件,理想化的情况至少要有 3 套检核条件,以便做到相互印证。另外,终孔位置需借助井上下对照图与地面地形地貌对比,避开地面不利地形和建筑物的影响,考虑钻孔深度最小,同时综合考虑钻孔救生技术的适用条件,尽量做到方案最优。

① 钻孔贯通含水地层必须采取堵水止漏措施,在透水事故中,对被困于水下封闭的空间气囊的人员,钻孔救生的方案应该保持被困人员所处空间气压与水压的平衡,为了防止钻孔造成气囊泄压必须同时配合强制排水。

② 采空区的空腔可导致钻具跑空、漏液,钻孔斜偏,而且当钻孔穿越采空区时钻头钻具也可能被采空区内遗留的材料损坏,所以钻孔定位设计要尽量避开采空区和地质破碎带。

③ 在矿井火灾、瓦斯爆炸事故的救援中,为了减小钻孔对风压、风流的影响,必须稳定灾区通风系统,防止火烟及有毒有害气体扩散。

④ 潜孔锤钻进工艺的冲击旋转可能对半径 5 m 之内的岩体造成破坏,为了维持施救对象的有效生存空间,应把钻孔位置选择在被困人员的有效安全范围之外,当救生钻孔在接近被困人员位置时必须采取特殊技术措施。

1.1.3.3   地面钻孔位置的测定

地面钻孔位置测定就是标定出地表钻孔中心的平面坐标 $P(X,Y)$ 的过程,垂直钻孔地表的平面位置 $P(X,Y)$ 和井下终孔设计坐标 $K(X,Y)$ 相等,钻孔的预计深度等于钻孔地表的高程和终孔高程之差。

钻深对于钻孔定位的精度影响不大，但由于人们往往根据钻深判断是否达到终孔位，因此，它是多方关注的重要指标，所以终孔 K 的 Z 坐标也要认真分析并检核，地表钻孔位 P 的 Z 坐标则可以用水准测量法、三角高程法或 GPS-RTK 法进行精确测量。其中水准测量一般使用数字电子水准仪进行，在作业之前均进行水准仪和水准标尺相关项目检验和校对，数字电子水准仪外业观测的记录要使用电子记录方式，各个信息均记录完整准确，并按照规范的要求完成各项限差的计算；三角高程测量和 GPS RTK 高程测量也要按照相应的规范进行操作。

地面钻孔的精密定位是以矿区控制点为基础进行的。由于井下数据是从近井点采用连接测量、联系测量和井下导线测量传递的结果，所以地面钻孔定位的控制点首选地面已有的近井点，而不是新建的控制点。地面已有的近井点若不满足要求则需新建或复测。

控制点的建立可选择激光测距导线，也可选择传统测量布网方法，目前，以 GPS 方法为首选。布网时用 4 台以上的静态 GPS 接收机同步联测近井点和高精度的已知点，用 GPS 随机平差软件对接收数据进行平差解算。可以根据控制点用全站仪极坐标法、方向交会法（或者角度交会法）、距离交会法（长度交会法）等精密放样地面钻孔点位，为了保证放样精度，还需要采用归化法进行精准定位。采用两种以上的方法进行检核也十分必要，重点有以下方法。

（1）自由设站法。自由设站法的实质是先增设控制点，然后就近用极坐标法测设设计的钻孔孔位。只是增设控制点的位置可以自由选择，要求能与已知点联测，并便于放孔。增设控制点的坐标可以用后方交会或距离交会等方法测定。

（2）GPS RTK 坐标放样法。首先，将基准站架设在一个已知控制点上，以另外两个或者两个以上的已知点做点校正。如果利用两点校正，一定要注意尺度比是否接近 1。为了保证 RTK 精度，最好有 3 个以上已知点的平面坐标，点精度均等，并均匀分布。当用 3 个以上的平面已知点进行校正时，计算转换参数的同时会给出转换参数的中误差，若发现转换参数中误差较大（>5 cm），但在采集点时实时显示的测量误差在标称精度范围之内，则可以判定已知点存在问题，有可能是找错点或输错点，也有可能是已知点的精度不够，还有可能是已知点的分布不均匀。校正结束后，把电子手簿里事先存储好的钻孔坐标调出，用手持移动站、手簿及对中杆对钻孔坐标，根据仪器手簿界面指示的到钻孔点位的距离及方位把空间坐标落实到具体位置上。为了保证放样精度，卫星的 PDOP 值应保持在 2.5 以下。

（3）归化放样法。先采用以上任意方法放样出地面钻孔位置，然后再采用坐标测量方法测出该点的实际坐标，计算出其差值，再具体归化改正。为了保证精度，也可以将控制点与直接放样的钻孔点一起构网联测，经平差后，求得各直接放样点的归化量，再将放样点归化到计算位置。

除此之外，由地层的原因引起的钻孔偏斜有一定的规律，开孔定位就要了解本区的地质、地层情况及以往的钻孔偏斜规律，估算钻孔的偏斜方向和偏移量。根据经验，在钻孔偏斜的相反方向，从已经定位的井位点移动估算偏斜量一半左右的距离，然后开孔钻进，有利于钻孔中靶、透巷。

研究和应用表明，救援钻孔精准定位的基础是建立一套矿山实时综合信息系统，其重要技术是全站仪和 GPS RTK 定位技术，其可靠性保障是复测检核技术，其前提条件是根据矿井资料和人员定位系统确定的地下钻孔终孔坐标正确无误。

1.1.4 生命通道

1.1.4.1 钻孔施工方案

为便于管材配套,钻孔宜采用常规井径级别,管材宜采用常用规格的管材。生命通道的钻孔施工方案见表1-2。

表1-2 生命通道的钻孔施工方案

	钻进方法	套管	位置	固井
一开	ϕ311.15 mm 牙轮钻进	ϕ244.5 mm×8.92 mm	过基岩风化带	水泥浆返至地面
二开	ϕ219 mm 气动潜孔锤正循环钻进	ϕ177.8 mm×8.05 mm	至被困人员位置围岩顶10 m	水泥浆返至地面
三开	ϕ152.4 mm 气动潜孔锤钻进	裸眼	至被困人员避难室	

1.1.4.2 故障提示

(1)地层不稳定、坍塌掉块、充填或半充填的溶洞、漏失层、涌水层、缩径地层等,容易造成卡、埋钻等孔内事故及钻孔偏斜;

(2)遇倾斜地层、软硬互层时,钻孔易斜、跑偏,不能中靶;

(3)遇含水层:往往水压高、补给充分,必须隔断或封堵。

生命通道需要安全、快速、高效中靶,且尽量滴水不漏。

1.1.5 通风钻孔

煤与瓦斯突出及瓦斯爆炸是煤矿的重大事故,是煤矿的主要事故之一。

大量矿山事故的惨痛教训表明,在发生事故的瞬间,因爆炸、坍塌、冲击波等伤害而遇难的人员,仅占事故总遇难人数的10%左右;而90%左右的矿工遇难,都是由事故发生后附近区域氧气耗尽,或者吸入高浓度有毒、有害气体,或者逃生路线被阻断而无法及时撤离到安全区域所造成的。

瓦斯爆炸、煤尘爆炸发生后,生存人员最急需的是新鲜的空气,在已有的送风管路不能短时间修复时,立即在受困人员所在位置上方地面实施钻探救援,施工通风井。为了能够顺利地给被困人员送风,不造成憋压,通风井需要施工一对,即进风井和排风井。进风井和排风井的通风管路可以同径,在施工条件允许的情况下,为了排风的顺畅,排风井也可以加大一级管径。

排风井、送风井施工前根据被困人员的井下位置、地面的情况等,合理地选定钻孔的孔位。在施工过程中需要对钻孔进行加密测斜,严格控制井眼轨迹,发现偏斜及时纠正,保证落点准确。通风井可兼作生命通道。

排风井施工方案同生命通道。送风井施工方案见表1-3。

表1-3 送风井施工方案

	钻进方法	套管	位置	固井
一开	ϕ311.15 mm 牙轮钻进	ϕ244.5 mm×8.92 mm	过基岩风化带	水泥浆返至地面
二开	ϕ219 mm 气动潜孔锤正循环钻进	ϕ139.7 mm×7.72 mm	至被困人员避难室顶10 m	水泥浆返至地面
三开	ϕ152.4 mm 气动潜孔锤钻进	裸眼	至被困人员避难室	

1.1.6 救生通道

1.1.6.1 设计原则

救生通道钻进属大口径钻孔,为了满足把被困人员无伤害地提升上来,终孔孔径要求不小于 500 mm,如被困人员受伤,不能独自站立需要罐笼提升时,终孔孔径不应小于 550 mm。根据地层的复杂情况确定钻孔施工方案,井径不能跨级缩小,以免遇到地层复杂时,井径预留不足。

透巷过程必须保证受困人员人身安全,不能发生二次伤害。

1.1.6.2 井位

（1）确定透巷位置

在救生通道施工之前,如果生命通道已经建立,被困人员的藏身位置已经确定,在确定地面救生通道的井位坐标时,需要考虑大口径钻孔透巷时可能造成巷道顶板垮落,危及被困人员安全,应尽量选择在巷道的宽阔处或交叉处透巷。

（2）确定井位坐标

确定透巷坐标后,进行地面测量确定地面的井位,并做明显的标记。地面测量仪器的精度应达到毫米级。

1.1.6.3 施工方案

（1）复杂地层救生通道施工方案见表 1-4。

表 1-4　复杂地层救生通道施工方案

	钻进方法	套管	位置	固井
导管	ϕ1 500 mm 旋挖钻机钻进	ϕ1 250 mm×20 mm 无缝钢管		水泥浆返至地面
一开	ϕ1 100 mm 旋挖钻机钻进	ϕ860 mm×20 mm 无缝钢管	尽设备能力	水泥浆返至地面
二开	ϕ711 mm 空气反循环钻进	ϕ610 mm×20 mm 无缝钢管	隔离复杂地层	水泥浆返至地面
三开	ϕ565 mm 空气反循环钻进	ϕ508 mm×12 mm 无缝钢管	至被困人员避难室	

（2）简单地层救生通道施工方案见表 1-5。

表 1-5　简单地层救生通道施工方案

		钻进方法	位置	套管	固井
一开	松散层	ϕ1 100 mm 牙轮钻头、泥浆正循环钻进	过基岩风化带	ϕ720 mm×20 mm 无缝钢管	水泥浆返至地面
二开	基岩段	ϕ311.15 mm 钻头先钻导向孔	至避难室上 10 m		
		ϕ660 mm 空气反循环扩眼	至避难室	裸眼,直接下 ϕ550 mm 救生舱救人	

1.1.6.4 技术要求

（1）保证钻孔的垂直度,透巷点在指定的区域,偏差不能超出靶域范围;

（2）做好含水层的止水,尽量做到滴水不漏,避免水淋被困人员;

（3）针对超大孔径可能发生的事故提前做好应急预案,尽量避免事故或少出事故,对可

能出现的事故有处理预案;

（4）施工过程中减少不必要的程序,为营救被困人员争取时间,防止出现意外。

1.2　矿山治水

当矿井水的水量超过矿井排水能力或发生井下突然涌水时,会造成水灾,轻者局部巷道被淹,重者全井充水,矿毁人亡。

矿井水害有多种原因:

（1）在顶板破碎或裂隙发育的岩石中掘进巷道,顶板冒落或导水裂隙与河湖水库或强含水层沟通后,大量水涌入巷道。

（2）巷道与断层相遇,大量地下水通过断裂破碎带涌入矿井。

（3）巷道与陷落柱相遇或沟通,使大量岩溶水涌入巷道。

（4）钻孔封孔质量差,成为各种水体的垂直通道,巷道或采煤工作面与这些钻孔相遇时,大量地表水或地下水通过钻孔涌入矿井。

（5）隔水矿柱抗压强度不足,抵抗不住矿山压力和静水压力的共同作用,引起底板承压水大量涌入矿井。

（6）在松散的强含水层中开凿井巷,大量地下水和泥沙涌出,井巷被淹,甚至坍塌。

（7）生产矿井的老采空区、老巷道等积水。这种水体存在于采掘工作面周围,既可以形成大面积的积水区,又可以以零星形态分布,其水量虽然不是很大,但因流动快而具有很强的突发性,尤其是矿区开采多年,遇下山开采,上部的煤层大都已采空,容易形成老空积水。

引发矿井水害的三种水源（地表水、地下水和老窑水）中,地下水（孔隙水、裂隙水、岩溶水）造成灾害的频率最高,危害也最为严重,其中岩溶水尤为严重。

1.2.1　治理原则

矿井发生水灾后,有人被困井下,必须首先救人,然后是矿井保护、生产恢复。

井下水灾应急处理的一般原则是:

（1）必须了解突水的地点、性质,估计突水量、静止水位,突水后涌水量、影响范围,补给水源及有影响的地面水体。

（2）掌握灾区的范围,事故前人员分布,矿井中有生存条件的地点,进入该地点的可能通道,以便迅速组织抢救。

（3）按积水量、涌水量组织强排水,同时截断地面补给水源。

（4）加强排水和抢救中的通风,切断灾区电源,防止将空区积聚的瓦斯引爆或突然涌出。

（5）排水后的侦察、抢险过程中,要防止冒顶、掉底和二次突水。

1.2.2　巷道突水治理

1.2.2.1　突水水源判别方法

依靠相关科学技术手段对矿井突水来源进行分析和判断。水源判别方法主要可分为水温水位法、水化学分析法等。

（1）水温水位法

在水文地质条件较为简单的区域，水温水位法可以作为初步判断突水来源的重要依据。地下水在赋存和循环环境的影响下，其温度呈现不均一性和变化性。在实际生产过程中，利用突水点的水温与具突水隐患的含水层水温进行对比，可有效地对矿井突水水源进行初步预测。

矿井对含水层疏水的过程中，一个含水层水位发生变化，必将导致与其相互联系的含水层水位也发生变化，这种不同含水层间的水位联动关系为判断矿井突水来源提供了有力依据。

随着技术的发展，在具较大开采强度的矿区中，水温水位法常与水化学分析法相结合，可更好地判别矿井的突水水源，即 QLT 法。QLT 为水质、水位和水温的简称。

（2）水化学分析法

水化学分析法在矿井突水水源判别研究领域中主要可分为常规水化学法、微量元素法、同位素法。

常规水化学法主要是对水中的宏量组分（SO_4^{2-}、Cl^-、CO_3^{2-}、HCO_3^-、K^+、Na^+、Ca^{2+}、Mg^{2+}）和水质综合指标（电导率、碱度、酸度、硬度、TDS、pH 值、钠吸附比）进行监测。

1.2.2.2　排水方案

突水事故发生后，当井筒、巷道排水不能满足需要时，为了尽快疏干老空突水，或者为了通过排水降低水位，防止水位上升威胁被困人员或矿山关键设备，需要立即施工排水钻孔，进行排水作业。

（1）排水孔的布置和数量

排水孔孔位选择在过水巷道或工业广场正上方的地面上。

排水孔的数量根据矿井涌水量大小及单泵的排水能力，附加 0.5～1.0 倍系数确定。

（2）施工方案

根据排水的垂深确定水泵的扬程，依据扬程、排水量在国内的救援中心找到合适的水泵，按照水泵的外形尺寸确定钻孔的终孔孔径，再结合钻遇地层的复杂程度设计排水孔的施工方案。一般排水孔的施工方案见表 1-6。

表 1-6　排水孔施工方案

	钻进方法	套管	位置	固井
一开	ϕ425 mm 钢齿牙轮钻进	ϕ377 mm×12 mm 无缝钢管	过基岩风化带	水泥浆返至地面
二开	ϕ325 mm 空气反循环钻进；ϕ311.15 mm 牙轮钻进	ϕ244.5 mm×8.92 mm 石油套管	封隔复杂地层	水泥浆返至地面
三开	ϕ219 mm 空气反循环钻进；ϕ215.9 mm 牙轮钻进或 PDC 钻进	裸眼	完整且遇水稳定地层	

（3）井身质量

为了顺利下入、起出排水泵，排水顺畅，排水孔必须保证高垂直度，确保井底位移不超差，狗腿度不超标。

（4）设备选型、钻进工艺

优先选用机动性强、安装简单的顶驱全液压车载钻机。

钻进工艺首选空气潜孔锤（正、反循环）钻进工艺，并且要求比常规钻进增加空压机数量，加大送风量，钻进时保持孔底干净，提高效率、减少钻孔事故。

若由于水位过高等原因，无法实施空气潜孔锤钻进，而改用钻井液钻进，则采用排量大、泵压高的大功率石油系列钻井泵，钻具组合中加入直螺杆，采用复合钻进方式，成倍地提高钻效。

（5）钻具组合

为了监测井眼轨迹，钻具组合中加装无磁钻铤，及时测量顶角和方位。排水孔钻具组合见表1-7。

表 1-7　排水孔钻具组合

一开	ϕ425 mm 钢齿牙轮＋双母接头＋ϕ203 mm 钻铤＋变径接头＋ϕ168 mm 钻铤＋钻杆
二开	ϕ325 mm 空气潜孔锤或 ϕ311.15 mm 牙轮钻头＋双母接头＋ϕ168 mm 无磁钻铤＋ϕ168 mm 钻铤＋钻杆
三开	ϕ219 mm 空气潜孔锤或 ϕ215.9 mm 镶齿牙轮钻头（PDC钻头）＋双母接头＋ϕ168 mm 无磁钻铤＋ϕ168 mm 钻铤＋钻杆

1.2.2.3　堵水方案

（1）注浆堵水的适用条件

注浆堵水是将水泥浆或化学浆通过管道压入井下岩层空隙、裂隙或巷道中，使其扩散、凝固和硬化，从而使岩层具有较高的强度、密实性和不透水性，达到封堵截断补给水源和加固地层的作用，是矿井防治水害的重要手段之一。其适用条件是：

① 当老窑或被淹井巷的积水与强大水源有密切联系时，可先注浆堵截水源，然后排干积水。

② 井巷工程必须穿过一个或几个强含水层或充水断层，如不堵截水源，将给矿井生产和建设带来很大困难和危害，甚至无法施工。

③ 井筒或工作面发生严重淋水，为了加固井壁、改善劳动条件。

④ 某些涌水量特大的矿井，为了减少矿井涌水量，降低常年排水费用。

（2）注浆堵水前的水文地质工作

注浆堵水时应解决的问题有：井下突水点的具体位置在哪里，在什么部位注浆效果最好，根据什么原则布置勘探注浆孔，突水点堵水效果如何判断等。

为了正确选择堵水方案，确保注浆钻孔能命中堵水的关键点或部位，并正确评价堵水效果，需进行下列水文地质工作：

① 通过现有水文地质资料的整理分析、野外地质调查以及必要的突水点（口）注浆堵水补充勘探工作，查清突水点的位置，确定或判断突水水源、突水点附近断裂构造的确切位置和含水层间的对接关系、突水点地段内含水层的分布及它们之间的水力联系、各含水层岩溶裂隙发育程度及岩溶裂隙发育的主要方向。

② 因地制宜地进行连通试验，测定地下水的流速、流向和地下水的水质与水温。

③ 布设地下水动态观测网，进行堵水前、堵水后和堵水过程中的动态观测，并编制注浆观测孔历时曲线和等水位（压）线图，以指导注浆工程和注浆效果评价。

④ 用钻孔和被淹矿井进行抽（放）水试验，了解各含水层与突水点（口）的水力联系情况；与注浆工程前后放水资料对比，评价堵水效果。

⑤ 注浆前每孔都要进行冲洗钻孔及压水试验，目的是冲洗岩层中孔隙通道，利于浆液扩散并与围岩胶结，提高堵水效果；通过压水试验计算岩层单位吸水量，了解岩层的渗透性，以选择浆液材料及其浓度与压力。

（3）方案设计

制订方案时应反复分析研究，在弄清水文地质条件等情况的基础上，正确布置堵水工程，对堵水方法提出明确要求。

① 方案设计应包括如下内容：

确定堵水范围、注浆层位和部位，注浆孔、观测孔、检查孔数及其布置方式。

确定注浆材料、注浆深度，划分注浆段，选择注浆方式和止浆方法。

确定注浆参数及质量检查和评价方法。

选择钻探设备，确定钻孔结构与施工方法，确定主要安全技术措施（包括注浆）。

② 钻孔布置：

应布置在井下突水点附近，围绕突水点由内往外和由稀至密分批布置，其目的是根据钻探资料及时修改补充原设计，以达到有效堵水和加固底板的效果。

根据地下水的流速、流量和流向，注浆孔应布置在来水方向上，在突水点或断层带附近应适当加密堵水钻孔，以便切断突水点补给来源，减少注浆堵水孔数。

布置钻孔尽可能一孔多用，使之既是地质、水文地质勘探孔，又是试验孔、观测孔，同时还可作为注浆堵水孔。

注浆间距应按当地的具体地质、水文地质条件与实际扩散半径（R）等因素确定。

（4）施工方案

① 竖直井

注浆堵水竖直井施工方案见表1-8，钻具组合见表1-9。

表 1-8 注浆堵水竖直井施工方案

	钻进方法	套管	位置	固井
一开	ϕ311.15 mm 钢齿牙轮钻进	ϕ244.5 mm×8.92 mm 石油套管	过基岩风化带	水泥浆返至地面
二开	ϕ215.9 mm 空气反循环钻进；ϕ215.9 mm 牙轮钻进或 PDC 钻进	ϕ177.8 mm×8.05 mm 石油套管	封隔复杂地层	水泥浆返至地面
三开	ϕ152.4 mm 空气反循环钻进；ϕ152.4 mm 牙轮钻进或 PDC 钻进	裸眼	目的层	

表 1-9 注浆堵水竖直井钻具组合

一开	ϕ311.15 mm 钢齿牙轮＋双母接头＋ϕ203 mm 钻铤＋变径接头＋ϕ168 mm 钻铤＋钻杆
二开	ϕ215.9 mm 空气潜孔锤、钢齿牙轮钻头或镶齿牙轮钻头＋双母接头＋ϕ168 mm 无磁钻铤＋ϕ mm168 钻铤＋钻杆
三开	ϕ152.4 mm 空气潜孔锤、镶齿牙轮钻头或 PDC 复合片钻头＋双母接头＋ϕ121 mm 无磁钻铤＋ϕ121 mm 钻铤＋钻杆

② 定向井

堵水钻孔受到地面条件的限制,利用竖直孔不能中靶时,需要通过定向斜井来透巷堵水。斜孔钻具需要增加螺杆和定向仪。

注浆堵水定向井施工方案见表 1-10,钻具组合见表 1-11。

表 1-10 注浆堵水定向井施工方案

	钻进方法	套管	位置	固井
一开	ϕ311.15 mm 钢齿牙轮钻进	ϕ244.5 mm×8.92 mm 石油套管	过基岩风化带	水泥浆返至地面
二开	ϕ215.9 mm 空气反循环钻进; ϕ215.9 mm 牙轮钻进或 PDC 钻进	ϕ177.8 mm×8.05 mm 石油套管	至过水巷道顶	水泥浆返至地面
三开	ϕ152.4 mm 空气反循环钻进; ϕ152.4 mm 牙轮钻进或 PDC 钻进	裸眼	目的层或透巷	

表 1-11 注浆堵水定向井钻具组合

一开	ϕ311.15 mm 钢齿牙轮+双母接头+ϕ203 mm 钻铤+变径接头+ϕ168 mm 钻铤+钻杆
二开直井段	ϕ215.9 mm 空气潜孔锤或牙轮钻头+双母接头+ϕ168 mm 无磁钻铤+ϕ168 mm 钻铤+钻杆
二开造斜段	ϕ215.9 mm 牙轮钻头+ϕ165 mm 螺杆+ϕ168 mm 无磁钻铤+ϕ168 mm 钻铤+钻杆
三开直井段	ϕ152.4 mm 空气潜孔锤或镶齿牙轮钻头(或 PDC 钻头)+双母接头+ϕ121 mm 无磁钻铤+ϕ121 mm 钻铤+钻杆
三开造斜段	ϕ152.4 mm 镶齿牙轮钻头(或 PDC 钻头)+ϕ120 mm 螺杆+ϕ121 mm 无磁钻铤+ϕ121 mm 钻铤+钻杆

③ 多分支水平井

华北开采下组煤时,受奥陶纪灰岩含水层的威胁,有时需要对其注浆改造,堵塞底板的导水裂隙,加固煤层底板,解除煤层下部水威胁。这就需要在煤层底板以下一定范围内施工多分支水平井或丛式井,然后注浆加固,如图 1-3 所示。

1.2.3 注浆材料

注浆材料是在地层裂隙和孔隙中起充填和固结作用的主要物质,它是实现堵水或加固作用的关键。注浆材料应根据堵水的目的、地质条件、施工条件、注浆工艺和投资多少等因素确定。

注浆材料可分为颗粒浆液和化学浆液。

目前应用的颗粒注浆材料有单液水泥浆、黏土水泥浆、水泥-水玻璃浆。

化学浆液近似真溶液,具有一些独特性能,如浆液黏度低、流动性好、凝胶时间可准确控制等,但化学浆液价格比较昂贵,且往往有毒性和污染环境等问题,所以一般用于处理细小裂隙和粉细砂层等颗粒浆液无法注入的地层。

从水文地质条件考虑,选择材料可参考表 1-12。

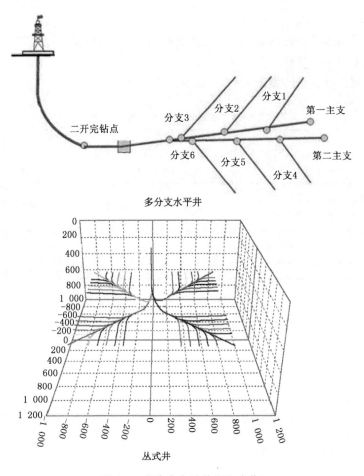

图 1-3　多分支水平井和丛式井

表 1-12　注浆材料选择参考

地层	种类	堵水	加固	充填	备注
岩层	裂隙	单液水泥浆； 水泥-水玻璃浆			
	孔隙	MG-646、铬木素类			
松散砂层		MG-646、铬木素类、水玻璃类、脲醛树脂、聚氨酯、糖醛树脂			卵石、砾石层可用水泥浆
破碎带 断层 溶洞		骨料＋单液水泥浆； 骨料＋水泥水玻璃浆； 骨料＋水泥黏土浆			骨料的种类和粒径视情况而定
混凝土	壁内	MG-646、铬木素类、水泥水玻璃类、聚氨酯			大裂缝用水泥浆，小裂缝用化学浆
	壁后砾石层	MG-646、铬木素类			
	壁后岩石	单液水泥浆； 水泥-水玻璃浆		水泥黏土浆	

在一般情况下,凡是水泥浆能解决问题的尽量不采用化学浆,化学浆主要用于弥补水泥浆的不足,解决一些水泥浆难以解决的问题。当地下水流速小于 25 m/h 时,采用单液水泥浆;当大于 25 m/h 时,采用水泥-水玻璃双液浆。用于底板岩溶、断层破碎带和动水注浆堵水及处理井下突水事故时,目前多采用先灌注惰性材料(如砂、炉渣、砾石、锯末等)充填过水通道,缩小过水断面,增加浆液流动阻力,减少跑浆,然后灌注快凝水泥-水玻璃浆液,再用强度较高的化学浆进一步封堵。

1.2.3.1　水泥-水玻璃浆液性能

(1)固化机理

水玻璃能加快水泥的水化作用,其主要原理在于:水玻璃能与水泥浆中的氢氧化钙反应,生成具有一定强度的胶凝体——水化硅酸钙。水泥中的硅酸三钙与硅酸二钙水化后生成氢氧化钙,由于氢氧化钙在水中的溶解度不高,很快就达到了饱和,从而限制后续硅酸三钙与硅酸二钙的水化。加入水玻璃后,水玻璃与浆液体系中的氢氧化钙反应,消耗了浆液体系中的氢氧化钙,使溶液中的氢氧化钙含量未达到饱和,从而加快了硅酸二钙与硅酸三钙的水化作用,宏观上表现出水泥浆液初凝时间缩短,结石体早期强度增大的现象。

(2)浆液特点

① 浆液胶凝时间短,且可在几秒钟到几小时内准确控制。胶凝时间与水混品种、水泥浆水灰比、水玻璃溶液浓度、水玻璃溶液与水泥浆的体积比和浆液温度有关。其主要规律表现为:在同一条件下,水泥中含硅酸三钙越多,水泥浆水灰比越低;水玻璃溶液浓度越低,水玻璃溶液与水泥浆的比例越小、温度越高,浆液的胶凝时间越短。

② 凝固后的结石率高,达 98% 以上,且结石体的早期强度增长很快,抗压强度较高。

③ 水玻璃对强度的影响存在一个峰值,即水泥浆与水玻璃溶液有一个合适的配合比,在这种配合比下,结石体强度最高。

1.2.3.2　对浆液的要求

(1)流动性好,浆液黏度低,易注入细小裂隙和细砂层中。

(2)浆液凝胶时间可在几秒钟到几小时范围内随意调节,并能准确控制,浆液一经凝胶,则在瞬间完成。

(3)浆液稳定性好,在常温常压下长期存放不变质,不发生化学和物理变化。

(4)浆液无毒无臭,对环境无污染,对人体无害,非易燃易爆物品。

(5)对管路系统、混凝土、橡胶制品等无腐蚀性,且易清洗。

(6)固化时无收缩现象,结石体的抗拉、抗压、抗折强度较高,结石体与岩石、混凝土、砂等有较高的胶结强度,且抗渗透性较好,抗冲刷性能好。

(7)耐久性较好。

(8)源广价廉,且易于运输。

(9)配制方便,配比操作容易。

1.2.3.3　浆液的基本性能

(1)浆液的密度。

(2)浆液的重度。

(3)浆液的浓度:

百分比浓度:溶质质量/浆液质量×100%;

水灰比：W∶C；

水灰比与浓度的关系：浓度＝1＋2/(1＋3×水灰比)；

波美度：水玻璃溶液的浓度用波美度表示。

(4)浆液的粒度。

对悬浊液来说,注浆材料的颗粒大小直接影响浆液的可注性和扩散半径。

比表面积是指单位质量颗粒材料所具有的总表面积,单位 cm^2/g。

(5)浆液的流动度：

浆液的流动度是表示流动性好坏的指标,是影响浆液可注性的主要因素,一般流动度越高,可注性越好。

(6)浆液的黏度。

黏度是度量浆液黏滞性大小的物理量,它表示浆液在流动时由于相邻浆液流动速度不同而发生的内摩擦力的一种指标。

工程上常用马氏漏斗测量一定浆液从漏斗流出的时间长短,来表示浆液的黏度。

(7)凝胶时间和凝结时间。

凝胶时间是指化学浆液从全部成分混合后至凝胶体形成的一段时间。凝胶时间可分为：

初凝时间——浆液胶体至部分失去塑性所经历的时间。

终凝时间——浆液凝胶体已达到最终固有的性质,化学反应已终止。

化学浆液凝胶时间可用凝胶时间测定仪测定。

影响凝胶时间的主要因素有水灰比、水玻璃的浓度、两种浆液的体积比、浆液的温度、水温、水泥质量、龄期等。W∶C越小,凝胶时间越短。$Be'＝30\sim50$ 时,Be'越小,凝胶时间越短。$C∶S＝1∶0.3\sim1∶1$时,S越小,凝胶时间越短。

凝结时间,是指水泥浆液水化反应所需的时间。由于水化反应缓慢,水泥浆液的凝结时间较长,水泥浆的凝结时间可用水泥稠度仪测定。

注浆过程中,当希望浆液渗透或扩散半径较大时,要求浆液的凝结时间或凝胶时间应足够长。当有地下水活动时,为防止浆液过分稀释或被冲走,要求浆液在注入过程中速凝。另外,在加固工程中,为减少瞬时沉降,也希望缩短水泥浆液的凝结时间。浆液的凝胶时间和凝结时间可以通过改变浆液组合比例或加入附加剂来调节。

常用注浆材料及浆液配比见表1-13。

表1-13　常用注浆材料及浆液配比

浆液名称	原材料	浆液配比
普通水泥单液浆	42.5R 硅酸盐水泥	W∶C＝0.6∶1～1∶1
超细水泥单液浆	D95≤20 μm 超细水泥	W∶MC＝0.8∶1～1∶1
硫铝酸盐水泥浆	D90≥10 μm	W∶C＝0.8∶1～1∶1
无机双液浆	D90≤10 μm	A∶B＝0.6∶1～1∶1
普通水泥-水玻璃浆	32.5R 硅酸盐水泥 35Be′以上水玻璃	W∶C＝0.6∶1～1∶1 C∶S＝1∶0.3～1∶1
超细水泥-水玻璃浆	超细水泥 水玻璃	W∶MC＝0.6∶1～0.8∶1 MC∶S＝1∶0.3～1∶1

1.2.4 注浆工艺

1.2.4.1 注浆前的水文地质调查内容

（1）岩层的含水性、透水性，以及含水层的裂隙、岩溶发育程度等；

（2）含水层的埋藏条件、厚度、位置及其相互联系；

（3）地下水的静水压力、流向、流速、化学成分，不同含水层、不同深度的涌水量及渗透系数；

（4）附近有无溶洞、断层、河流、湖泊及其与含水层的联系。

1.2.4.2 注浆方案设计

设计内容一般包括：确定堵水范围、注浆层段和布设注浆孔、观测孔的数目及布置方式，注浆深度确定，注浆段划分，注浆方式确定，注浆材料选择和配方试验要求，注浆参数确定和检查评价方法，注浆设备选择及注浆站布置，材料消耗量估算，设备和资金概算，劳动组织和工期安排，以及主要安全技术措施和操作规程等。

1.2.4.3 注浆工作步骤

（1）确定注浆段高和注浆方式

注浆段高指一次注浆的长度。注浆方式可分为分段注浆和全段注浆两种。

当注浆深度较大、穿过较多含水层且裂隙大小不同时，在一定的注浆压力下，浆液的流动和扩散在大裂隙内远些，在小裂隙内近些。同时，静水压力随含水层埋藏深度增加而增加，在一定的注浆压力下：上部岩层的裂隙进浆多，扩散远；下部岩层的进浆少，扩散近，或几乎不扩散。

因此，为使浆液在各含水层扩散均匀，提高注浆质量，应分段注浆。

注浆段高与注浆目的与工程性质有关，不同的工程其注浆段高不同，一般为 5～10 m，如受注层厚度小于 10 m，则不分段。

根据钻进与注浆的相互关系，分段注浆又分为下行式注浆和上行式注浆两种方式。

下行式注浆是指从地表钻进含水层，钻进一段注一段，反复交替直至终孔。其优点是上段注浆后下段高压注浆时不致跑浆而引起地面破坏，同时上段可得到复注，注浆效果好。其缺点是钻进与注浆交替进行，总钻进工作量大，工期长。

上行式注浆是指钻进一次到终孔，然后使用止浆塞自下而上逐段注浆。其优点是无须反复钻进，可加快注浆速度。其缺点是需要性能良好、工作可靠的止浆塞。

在煤矿堵水中，由于裂隙、岩溶发育，一般采用下行式注浆。

全段注浆是指注浆孔钻进至终深，一次注全段。其优点是不需要反复交替钻进、注浆，减少安装及起拔止浆塞的工作量，从而缩短施工工期。其缺点是由于注浆段高且大，不易保证注浆质量，岩层吸浆量大时要求注浆设备能力大，所以一般只在含水层距地表近且厚度不大、裂隙较发育的岩层中采用全段注浆方式。

（2）注浆前压水

其目的在于将裂隙中松软的泥质充填物推送到注浆范围以外，从而提高注浆质量和堵水效果。对于大裂隙，压水时间为 10～20 min；对于中小裂隙，则需 15～30 min 或更长一些。重复注浆钻孔压水时间适当延长 30～60 min。压水时压力应由小增大，最大不得超过注浆终压。

1.2.4.4 注浆参数

(1) 浆液扩散半径

浆液在岩石裂隙中的扩散范围,称为扩散半径。有效扩散范围内浆液充塞、水化后的结石体能有效地封堵涌水。由于岩石的渗透性和裂隙发育的不均匀,致使浆液的扩散半径极不规则,所以在注浆前应进行试验,以取得布置注浆孔孔距的可靠依据。

浆液的扩散半径随岩层渗透系数、注浆压力、注入时间的增加而增加,随浆液浓度和黏度的增加而减小。在施工中可通过调节浆液浓度、注浆压力和注浆量等参数,取得既能满足工程需要又能降低浆液消耗量的合理扩散半径。

(2) 注浆压力

影响注浆压力的因素很多,既有地质条件方面的,又有注浆方法与浆液浓度方面的,目前还没有一套完整准确的方法计算注浆压力的大小。比较合理的方法是通过注浆现场试验来确定,也可用下列经验公式计算:

$$p = (2 \sim 2.5)p_1$$

式中　p——最大允许注浆压力,MPa;

　　　p_1——注浆段地下水静水压力,MPa。

(3) 浆液浓度

采用水泥注浆时,所用的浆液浓度既取决于裂隙的大小,又取决于水泥浆及其附加剂的性质及注浆压力的高低。裂隙越大,采用的浆液越浓。

由于在一个注浆段中含有多种不同宽度的裂隙,所以注浆过程中浆液的浓度有变化,原则是先稀后浓,用不同浓度的浆液分别去适应各种不同宽度的裂隙。

① 起始浓度确定

起始浓度通常是按岩层的吸水率 q 确定的。

吸水率 q 为单位长度的注浆段在单位压力作用下单位时间的吸水量,可在注浆前通过钻孔压水试验求得,单位 $L/(min \cdot m \cdot m)$。即

$$q = Q/(H \cdot h)$$

式中　Q——单位时间内试验段在恒压下的吸水量,L/min;

　　　H——压水试验段的水头,m;

　　　h——压水试验段长度,m。

由上式计算出钻孔吸水率后,再参考表 1-14 选择浆液浓度。

表 1-14　钻孔吸水率和浆液浓度关系表

吸水率 /[L/(min·m·m)]	水灰比	浆液配比(质量)		
		水	砂	水泥
<0.1	8:1	8	0	1
0.1~0.5	6:1	6	0	1
0.5~1.0	4:1	4	0	1
1~3	2:1	3	0.5	1
3~5	1:1	2	1	1
5~10	0.5:1	1.5	2	1
>10	0.5:1	2	3	1

② 浆液浓度的控制

注浆开始,首先使用起始浓度,然后由稀逐级加浓。浓度变更的原则为:

a. 采用某一浓度浆液注浆时,注浆压力保持不变,吸浆量随注浆过程的延续而逐渐变小;或吸浆量不变,压力逐渐升高,表明注浆过程正常,不需改变浆液浓度。

b. 采用某一浓度注浆持续了一定时间(一般 20~30 min)浆液之后,注浆压力和吸浆量均无变化,或变化很小,浆液应加浓一级。

c. 改变浆液浓度后,若压力突然升高或注浆量突然减少,说明浆液浓度不合适,应变回到原来的浓度。

d. 遇冒浆、大裂隙或大溶洞时,可越级加浓浆液,或在浆液中加掺合剂、速凝剂及采取间歇注浆等措施。

(4) 浆液注入量

浆液注入量与岩层中孔隙、裂隙或岩溶的发育程度有关,可根据扩散半径及裂隙率进行粗略计算,其公式为:

$$Q = \pi r^2 H n \beta$$

式中　Q——浆液注入量,m³;

　　　r——浆液扩散半径,m;

　　　H——注浆段长度,m;

　　　n——裂隙率(一般取 $n=1\% \sim 5\%$);

　　　β——浆液在裂隙内的有效充填系数(一般取 0.3~0.9,视岩性而定)。

(5) 注浆结束标准

注浆结束标准一般是用最终吸浆量(浆液注至最后的允许吸浆量)和达到设计压力(终压)时的持续时间等两个指标来衡量。一般来讲,注浆终压达到设计要求,吸浆量小于 20~60 L/min,稳定 20~30 min,即可认为达到结束标准。

1.2.4.5　注浆过程中的若干问题

(1) 注浆层或注浆段裂隙细小,钻孔单位吸水量小到中等的钻孔,一般耗浆量不大,可采用连续注浆法,即自始至终连续不断地注浆,直到达到注浆设计结束标准。

(2) 岩溶通道大、钻孔单位耗浆量大时,可调整间歇时间长短,主要依浆液达到初凝所需时间而定。间歇的次数依孔口压力上升快慢而定。当注浆孔口压力上升较快时,可改为连续注浆。每次停注后需冲入一定量清水,以保持通道畅通。

(3) 若发现邻孔有窜浆现象,应串联两孔同时注浆;若设备不足,依钻孔水位高低,可在下游注浆孔压入清水保持通道通畅,上游注浆孔注浆。

(4) 注浆时,若通道中地下水流量小、流速大,只要浆液性能(水灰比)适宜,吸浆量大于通道中地下水流量 1.5 倍,注浆也可以成功;若通道流量大、流速小,可用不易被水稀释的浆液,使用间歇注浆法注浆;若通道中流量和流速皆大,则可在注浆前设置密度较大固料,先将通道充填,然后注入速凝浆液。

1.2.4.6　注浆堵水效果的判断

(1) 分析法

分析法是通过对注浆施工中所收集的参数信息进行合理的整合,采取分析、比对等方式,对注浆效果进行定性、定量评价。分析法具有快速、直接的特点,通过分析法可以较为可靠地进行注浆效果评价。

① p-Q-t 曲线法

p-Q-t 曲线法是通过对注浆施工中所记录的注浆压力 p、注浆速度 Q 进行 p-t，Q-t 曲线绘制，根据地质特征、注浆机制、设备性能、注浆参数等对 p-Q-t 曲线进行分析，从而对注浆效果进行评判。

对于一般注浆工程，不必采取钻孔取芯，基本上都可以采用 p-Q-t 曲线法对注浆效果进行十分有效的评判。

② 注浆量分布特征法

注浆量分布特征法分为注浆量分布时间效应法和注浆量分布空间效应法两种。

注浆量分布时间效应法是通过将各注浆孔注浆量按注浆顺序进行排列，绘制注浆量分布时间效应直方图，根据该图对注浆效果进行宏观评价。

注浆量分布空间效应法是通过将各注浆孔注浆量按注浆孔位置绘制注浆量分布空间效应图，根据该图对注浆效果进行宏观评价。

③ 涌水量对比法

涌水量对比法是通过对注浆过程中各钻孔涌水量变化规律进行对比，或对注浆前后涌水量进行对比，从而对注浆堵水效果进行评价。

④ 浆液填充率反算法

通过统计总注浆量，可采用下式反算出浆液填充率，根据浆液填充率评定注浆效果，即：

$$\sum Q = Vn\alpha(1+\beta)$$

式中　　$\sum Q$——总注浆量，m^3；

　　　　V——加固体体积，m^3；

　　　　n——地层孔隙率或裂隙度；

　　　　α——浆液填充率；

　　　　β——浆液损失率。

（2）检查孔法

检查孔法是针对注浆要求较高的工程所采用的一种方法，该方法也是目前公认的最为可靠的方法。

检查孔法是在注浆结束后，根据注浆量分布特征，以及注浆过程中所揭示的工程地质及水文地质特点，并结合对注浆 p-Q-t 曲线分析，对可能存在的注浆薄弱环节设置检查孔，通过对检查孔观察、取芯、注浆试验、渗透系数测定，从而对注浆效果进行评价。

（3）开挖取样法

开挖取样法是在井巷开挖过程中，通过观察注浆加固效果、对注浆机理进行分析、测试浆液固结体力学指标，从而对注浆效果进行有效评定，同时，开挖取样法的评定结果可为下一阶段注浆设计与施工提供重要的参考。

（4）变位推测法

变位推测法是通过监测注浆前后，以及施工过程中地下水位变化、地表沉降量变化等，分析评判注浆效果。

① 水位推测法：通过监测帷幕注浆圈外水位监测孔的水位变化，分析评判帷幕注浆

效果。

② 变形推测法:通过监测注浆前后,以及施工过程中被保护体的沉降变形,分析评判注浆加固效果。

(5)物探法

黄宏伟利用 200 MHz 高频探地雷达对盾构隧道壁后注浆效果进行了研究,结果显示此种方法既可以满足探测深度的要求,又可以清晰地反映管片及其背后的注浆和土体的情况。

王水强等使用地质雷达法和瑞雷面波法准确找到了需要注浆的位置,并且对注浆后浆液的分布情况进行了检测。

陈军等使用地质雷达法对某基坑维护工程注浆效果进行了检测,对注浆后浆液的影响范围、固结程度进行了分析。

邓凯斌利用地质雷达、超声电视、视频电视和高密度弹性波 CT 等几种无损检测技术,对两个国家重点水利工程的防渗墙进行了检测。

吴圣林和丁陈建将高密度电法应用于检测采空区注浆效果中,对饱水采空区注浆效果检测非常有效,结果显示注浆达到了预期的效果。

胡鹏利用高密度电法对地下高喷注浆工程进行了动态监测研究。

使用地质雷达方法检测注浆效果的居多,电法应用较少。

电法局限于注浆效果的检测,缺少对注浆过程的动态监测。

应用高密度电法检测注浆效果时,只使用视电阻率数据进行分析,缺少对注浆过程中电位、电流等相关信息的分析。

1.2.5 巷道堵截

矿山堵水中,有时需要堵截巷道,形成静水环境。在地面钻井贯通巷道,从井眼中下入骨料并注浆,直至堵截巷道,使之不透水。

(1)灌注方法:水力射流,孔口密闭、砂石自重连续灌注法,定期下钻具透扫骨料。

(2)骨料级配:骨料分细沙和石子两类,级配:河沙:小石子:中石子:大石子=1:1:2:1。

(3)水固比:6:1~10:1。

(4)注浆过程:

第一阶段,旋喷注浆:通过注入高压水泥浆,强行切割周围骨料,使水泥浆液与骨料充分混合,形成相对孤立的截断过水断面的砂浆或混凝土结石体。

第二阶段,充填注浆:在旋喷注浆孔之间进行充填注浆,将旋喷结石体之间的空隙充填,形成一个整体的、连续的阻水墙。

第三阶段,升压注浆:主要对阻水墙与顶底板岩石的接缝,以及岩石裂隙进行注浆加固。一方面增强挡水墙与围岩黏接力,提高抗挤出与抗水流冲刷能力。另一方面,注浆封堵了顶底板裂隙,可以防止突水绕流。另外,通过高压注浆提高阻水墙体的强度与抗渗透能力,封堵薄弱带的过水通道。

第四阶段,引流注浆:在工程后期阻水墙基本形成的情况下,井下水基本为静水状态。为了检验堵水效果,封堵残留的小的过水通道,在矿井试验排水期间,对出水口附近进行注浆封堵。

(5)灌注结束标准:骨料堆积到巷顶,经多次下钻探底仍不能进入巷道,且经注(压)水试验,消耗值降到 1.0 L/min 以下时注浆结束。

1.2.6 井筒涌(淋)水治理

1.2.6.1 井筒涌水种类

采用冻结法施工的新建井筒,随着冻结段地层解冻,井筒出现淋水,并且不断增大。

老井筒在外围含水层不断侵蚀、井筒裂隙渗漏冲刷作用下,涌水逐渐增大,甚至突然增大,同时涌水大量地携带泥沙,威胁到安全生产及井筒的安全,造成停产或者是半停产。

1.2.6.2 井筒涌水的治理

通过注浆加固,对井筒井壁进行充填加固,封堵井壁漏水,充填空隙,堵塞井壁接茬缝,充填壁后围岩裂隙,形成封水加固墙,切断水源达到堵水目的,减少井筒漏水量,提高井筒服务年限。井筒注浆有两种方式,即井筒内壁打孔注浆和地面上井筒外钻孔注浆。

1.2.6.3 井筒内注浆

根据井筒支护、水文地质、涌水量等情况,通过在井筒涌水点附近布置小井眼钻孔,采用科学的注浆方式、注浆参数和注浆材料,达到治理目的。

(1)涌水井筒周围的水文地质概况及出水情况

收集涌水层的水文地质资料,为注浆施工方案提供设计依据:根据出水点位置找出相对应的含水层,分析出水层位地层的特征;弄清楚出水点的深度、范围、涌水量、总涌水量、携泥含沙量、涌沙总量等基本情况。正确分析淋水的直接水源和补给水源,掌握淋水区域工程地质和水文地质特点,制订具有针对性的注浆堵水方案,是治理井筒淋水成功的主要前提。

根据井筒各段淋水点的实际情况,采取科学合理的布孔方法,选用有效的注浆材料是井筒注浆堵水的关键技术。

(2)注浆施工设计

依据《矿山防治水规定》《建井工程技术手册》《注浆技术理论与实践》《实际井筒揭露柱状图》《井筒地质柱状图》及水文地质描述,制订注浆加固堵水施工方案。

(3)注浆原则

① 根据井壁淋水的情况,在主要出水点或渗漏部位直接造孔,采用"顶水对点"布孔注浆的方式;

② 涌水较大时亦可先在附近打斜孔导水,然后再对点造孔注浆;

③ 注浆孔深以进入井壁 100 mm 为宜,冻结段严禁打穿外壁,钻孔完成后,及时观测水压、水量,并做好记录;

④ 注浆主要采取单液水泥浆充填、化学双液浆波雷因封堵的方式进行,同时达到堵水和加固井壁的目的;

⑤ 注浆结束标准:注浆压力达到设定注浆终压。

(4)注浆材料

以化学双液浆波雷因材料为主、单液水泥浆为辅,波雷因选择 PN-2 堵水型,水泥选择 PO42.5 水泥。

波雷因化学浆液为高分子溶液型双液浆浆液,分 A 液和 B 液两种成分,双液方式注浆,孔口或孔中混合数秒开始凝胶反应,遇水后可迅速膨胀,形成凝固体。对于细小裂隙,要求浆液黏度低,渗透性好。

波雷因堵水材料主要性能指标见表 1-15。

表 1-15 波雷因堵水材料主要性能指标

初凝时间	10~15 s
终凝时间	50~60 s(可按需要延长)
固结体密度	200~1 250 kg/m³
抗压强度	10~50 MPa
黏结强度	3~5 MPa
阻燃性能	阻燃
双液混合比	1:1

水泥浆液:PO42.5 普通硅酸盐水泥,水灰质量比为 1:1~0.6:1。灰浆经过滤后方可使用。

(5)钻井设备

① YT-28 风钻;

② 锚杆钻机。

(6)注浆设备

① 注浆泵:选用 QZB-50/19 型矿用气动注浆泵 2 台,其中一台检修备用。

② 注浆桶:2 个清水桶,1 个水玻璃溶液桶。

③ 混合器:采用三通式,两种单独的注浆液经过混合器成为一种浆液,经化学反应成为胶体,注入井壁。

1.3 矿山防灭火

1.3.1 一般要求

采用注浆防灭火的矿井需备有完整的矿井开拓开采图、通风系统图及注浆管路系统图。

新建矿井应有所有煤层、拟建水平和不同地质构造区域煤的自燃倾向性鉴定报告,以及开采同煤系煤层邻近生产矿井的自然发火危险程度等级资料。

生产矿井应有矿井自然发火危险程度等级资料以及新开煤层、新水平和不同地质构造区域煤的自燃倾向性鉴定报告。

应有注浆材料来源、种类、数量及其有关性能的分析资料。

1.3.2 矿井注浆防灭火设计

矿井注浆防灭火设计的主要内容应包括:

(1)选用的注浆材料种类及其性能分析资料;

(2)主要注浆参数;

(3)浆液的制备方法;

(4)输送浆液的管路系统及计算;

（5）注浆方法；

（6）矿井注浆防灭火效果考察；

（7）矿井注浆防灭火安全措施。

1.3.3 注浆材料

（1）注浆材料的种类：黄土、页岩、矿井矸石、粉煤灰、尾矿等。

（2）注浆材料（0.1 mm 以下级别的样品）成浆性能指标应达到如下规定：

① 沉降速度 1～10 mm/min；

② 临界稳定时间 20～60 min；

③ 塑性指数 7～14（粉煤灰可小于 7）；

④ 黏度系数（1～2）×10^{-3}Pa·s；

⑤ 氧化镁胶体混合物含量 20%～35%；

⑥ 含砂量 10%～30%（粉煤灰可小于 10%）。

（3）用矸石、粉煤灰、尾矿作注浆材料时，需进行氧化性能实验，其指标应达到如下规定：

① 氧化交叉温度在 300 ℃ 以上；

② 恒温吸氧量小于 0.1 mL/g；

③ 固定碳含量不大于 8%，含硫量不大于 1.5%，烧失量不大于 20%，发热量不大于 2 000 J/g；

④ 页岩、矸石必须经破碎、湿式球磨机球磨，其粒度要求在 5 mm 以下，其中大于 0.5 mm 的粒料应占 10% 以下，小于 0.1 mm 的粒料应占 60% 以上。

1.3.4 主要注浆参数

1.3.4.1 灌浆系数

灌浆系数为灌浆材料的固体体积与需要灌浆的采空区容积之比。防火灌浆系数为 3%～12%，灭火灌浆系数相应加大。

采用粉煤灰浆防火时，灌浆系数为 5%～15%。

1.3.4.2 土水比

矿井防灭火注浆浆液的土水比应为 1∶2～1∶5。在采煤工作面洒浆防火时，土水比应为 1∶2～1∶3。

1.3.4.3 注浆量

矿井注浆量按式（1-1）计算：

$$Q_w = \frac{kG(\delta+1)M}{r_c t} \tag{1-1}$$

式中 Q_w——矿井注浆量，m³/h；

$\qquad k$——灌浆系数；

$\qquad G$——矿井日产煤量，t；

$\qquad \delta$——土水比的倒数；

$\qquad M$——浆液制成率，取 0.9；

r_c——煤的密度,t/m³;

t——矿井日注浆时间,h。

1.3.5 制浆方法

1.3.5.1 黄泥浆的制浆方法

（1）水力制浆

一般采用人工取土或机械取土,将土疏松,经水力（水枪）冲刷混合成浆。当采用水枪直接取土时,其供水压力、水流量和台数应能满足取土制浆的要求。水力制浆过程中应严格控制土水比。

（2）机械搅拌制浆

应建立浆池,黄土加水在浆池中搅拌成均匀浆液后即可输入井下。浆池应设 2 个以上,一个作注浆用,另一个进行搅拌制浆,交替使用。浆池的容积应能保证注浆量的要求。

1.3.5.2 页岩浆和矸石浆的制浆方法

页岩浆和矸石浆的制浆方法相似,将页岩和矸石破碎后,用湿式球磨机加水球磨成浆,进入输浆管路。

1.3.5.3 粉煤灰浆的制浆方法

从电厂储料场挖取粉煤灰,运到矿井地面制浆站,将粉煤灰用专门的搅拌筒加水搅拌成浆或用水枪冲搅成浆后直接进入输浆管路。

1.3.5.4 尾矿浆的制浆方法

煤矿洗选厂排出的尾矿直接输送到浆池,经沉淀脱水后搅拌成浆进入输浆管路。

1.3.5.5 注浆期间浆液流量和土水比的测定

在注浆期间,每班测定一次浆液的流量和土水比。流量测定可采用电磁流量计或体积法;土水比测定可采用密度法。

1.3.6 输浆管路

根据矿井地面的不同制浆方式,井下可采用集中或分区的输浆管路系统。

在浆液流入输浆管路前,应设置筛网过滤,网的孔径宜为 15～20 mm。

（1）输浆管路的管径和水头损失值按经验式(1-2)、式(1-3)计算:

$$D_1 = 2.312 \sqrt{\dfrac{Q}{2.92\left[\left(\dfrac{r_2 - r_1}{r_1}\right)\left(\dfrac{r_3 - r_2}{r_3 - r_1}\right)100W_1\right]^{0.25}\left(\dfrac{W_2}{W_1}\right)^{0.2}}} \qquad (1\text{-}2)$$

$$i = \dfrac{\lambda v^2}{2gD_2} + \left(\dfrac{r_2 - r_1}{r_1}\right)\left(\dfrac{r_3 - r_2}{r_3 - r_1}\right)^n \dfrac{W_1}{v} \qquad (1\text{-}3)$$

式中 n—— 干扰沉降指数,$n = 5\left(1 - 0.2\log\dfrac{1\,000W_1 d}{\eta}\right)$;

$W_1 = \dfrac{\sum w_i a_i}{\sum a_i}$;

D_1——输浆管路的临界管径（内径）,m;

Q——浆液流量，m^3/s；

r_1——水的密度，t/m^3；

r_2——浆液的密度，t/m^3；

r_3——注浆材料自然堆积密度，t/m^3；

n——干扰沉降指数；

W_1——加权平均自由沉降速度，m/s；

W_2——颗粒分布曲线上相当于 95% 处粒径的自由沉降速度，m/s；

i——每米管道长度的水头损失值，m；

λ——水的摩阻系数；

v——浆液流速，m/s；

g——重力加速度，m/s^2；

D_2——实际选用的管径（内径），m；

d——注浆材料的当量直径，mm；

η——水的运动黏滞系数，mm^2/s；

w_i——注浆材料某一粒级平均自由沉降速度，m/s；

a_i——注浆材料某一粒级的质量百分比。

（2）由输浆管路的总水头损失值，确定是采用自流（靠自然压头）输浆还是选用相适应（流量和压力）的泥浆泵或注砂泵加压输浆。

（3）输浆管路系统应避免"两头高中间低"的布置方式，并尽量减少拐弯。

（4）井下输浆管路应紧靠井巷壁铺设，固定牢固，并涂以防锈漆。

（5）每次注浆后应立即用清水冲洗管路。

1.3.7 注浆方法

根据矿井的具体条件，可选择一种或几种注浆方法。

1.3.7.1 钻孔注浆

按防灭火区的条件可采用两种形式：

（1）从井下巷道或钻场向注浆区域打注浆钻孔，钻孔开孔孔径应不小于 108 mm，终孔孔径应不小于 89 mm，封孔要严密，钻孔与输浆管路的连接要牢固，并能承受最大的注浆压力。

（2）从地面直接向注浆区域打注浆钻孔，钻孔孔径应不小于 108 mm，钻孔内应全长度下套管。

1.3.7.2 注浆区的排水措施

注入采空区的浆液的脱水时间一般为 7～15 d，浆液中脱出的水一部分被围岩吸收，一部分滞留在注浆区的下部空间。注浆区的排水措施主要采取以下两种：

（1）在注浆区下部密闭墙的底部设置排水孔或溢水孔，在注浆后应随时观察这些密闭墙的排水量的变化情况。

（2）在注浆区下部进行采掘前，必须对注浆区采取打钻孔或其他措施进行泄水。

1.3.8 注浆防灭火的效果考察

派专人定期检测注浆灭火区、注浆防火工作面及其采空区内的气温、煤温和出水温度。

　　具有自然发火危险的矿井均应建立完善的火灾束管监测系统或地面气体分析实验室。气体分析成分主要有氧气、甲烷、一氧化碳、二氧化碳。

　　采集气体的地点为：

　　(1) 采煤工作面的回风巷、上隅角，采空区氧化带回风侧；

　　(2) 通向火区的密闭墙内侧或钻孔内；

　　(3) 其他需要的地点。

　　采用人工取样在地面进行气体分析时，应符合以下要求：

　　(1) 取样必须使用专用取样袋或取样器，取样后应在 5 h 内送到地面实验室进行分析；

　　(2) 注浆防火区域应定期对各取样点分别取一次样；

　　(3) 注浆灭火封闭区域内每天取一次样；

　　(4) 采煤工作面或其他地点在发火期间(未封闭的情况下)每班取一次样。

　　2003 年 11 月 28 日宁夏煤业集团白芨沟煤矿发生火灾事故。在灭火和打密闭中多次发生瓦斯爆炸，被迫实施封井。在气温低于－20 ℃、无法供电的条件下，采用定向钻进向火区定向侧钻准确进入火区，直接灭火。通过使用快速定向钻探技术，42 d 共施工灭火钻孔 11 个，使矿方不足 2 个月扑灭煤层火灾。

2 钻井方法及设备配套

2.1 钻井方法

矿山险情就是命令,时间就是生命,成井效率显得尤为重要。

如果开孔口径大,首选旋挖钻机,并尽其钻深能力,以最大限度提高效率。

井深超出旋挖钻机的钻深能力后,改用空气钻进,并首选空气潜孔锤反循环工艺,安全、高效。相比于正循环,反循环钻进具有更多优点:

(1)钻进所需空气量是正循环空气钻进所需气量的 1/5~1/6;

(2)排渣能力强,钻进速度是常规钻进的 3~4 倍;

(3)孔径加大时,钻进费用可减少 1/3;

(4)对孔壁扰动小,对孔壁不稳定地层适应性强。

若因裂隙跑风,反循环不能实现,则选择空气潜孔锤正循环工艺。通过增加并联空压机数量增大送风量,保证空气上返速度。突破裂隙带后,再加阻风环实施空气反循环钻进。

2.2 设备配套

2.2.1 旋挖钻机

德国宝峨集团生产的 BG26、BG38 型钻机(表 2-1),对于处理复杂、坚硬地层具有较大优势,更适合于大口径钻孔的开孔,且在表土层、卵砾石层钻进时,成孔质量好,钻进效率高。旋挖钻机主要用于大直径救生通道孔的开孔和上部孔段施工。

表 2-1 宝峨 BG26、BG38 旋挖钻机性能参数

名 称	德国宝峨 BG26 专用型旋挖钻机	德国宝峨 BG38 专用型旋挖钻机
型号	BG26	BG38
主机型号	BT70	BS80
桅杆高度/m	25.1	32.6
主卷扬机	M6/L3/T5	M6/L3/T5
发动机型号	CATC9	CATC15
发动机功率/kW	261	354

2 钻井方法及设备配套

表 2-1(续)

名　称	德国宝峨 BG26 专用型旋挖钻机	德国宝峨 BG38 专用型旋挖钻机
动力头最大扭矩/(kN·m)	264	380
最大钻孔直径/m	2.5	3
最大钻孔深度/m	77	91.8
整机工作质量/t	86.5	126

2.2.2 多工艺钻进钻机

矿山救援设备机动性要好,能快速到达现场,能迅速投入救援作业。能根据情况变换多种钻井工艺:空气钻进,钻井液钻进;正循环,反循环;大口径,小口径。

通过对国内外钻井设备的调研、使用,以高效钻进为目标,提出不同井深的钻机、钻井泵、空压机型号配套方案,见表 2-2。

表 2-2　钻孔深度与钻机、钻井泵、空压机型号配套表

钻孔类型	钻孔深度/m	钻机型号	泥浆泵型号	空压机型号
排水孔、堵水孔、通风孔、排风孔、生命通道	0～600	T685WS RD20	3NB500 3NB1300	DLQ1250XHH/1525XH PDSK1200S XRVS1350 TWT1250XH
	0～1 000	PRAKLA RB-T50 T130XD	3NB1300	DLQ1250XHH/1525XH PDSK1200S XRVS1350 TWT1250XH
	0～1 300	T200XD RB-T70	3NB1300 3NB1600	DLQ1250XHH/1525XH PDSK1200S XRVS1350 TWT1250XH
大口径救生通道	0～50	BG26、BG38	—	—
	50～500	PRAKLA T200XD	3NB1300 3NB1600	DLQ1250XHH/1525XH PDSK1200S XRVS1350 TWT1250XH
	50～800	T200XD RB-T90	3NB1300 3NB1600	DLQ1250XHH/1525XH PDSK1200S XRVS1350 TWT1250XH

表 2-2(续)

钻孔类型	钻孔深度/m	钻机型号	泥浆泵型号	空压机型号
大口径 救生通道	50～1 300	RB-T100 ZJ30	3NB1600 F1600	DLQ1250XHH/1525XH PDSK1200S XRVS1350 TWT1250XH

备注：

1. T685WS、T130XD、T200XD 型钻机,厂家:雪姆公司;RD20 型钻机,厂家:阿特拉斯·科普柯公司;PRAKLA、RB-T50、RB-T70、RB-T90、RB-T100 型钻机,厂家:宝峨公司。

2. BG26、BG38 型旋挖钻机,厂家:宝峨公司。

3. ZJ30 钻机,国产石油钻机。

4. 3NB500、3NB1300、3NB1600 泥浆泵,产地:山东青州。

5. F1600 泥浆泵,产地:甘肃兰州。

6. DLQ1250XHH/1525XH 寿力空压机,产地:美国。

7. PDSK1200S 复盛埃尔曼空压机,产地:上海。

8. XRVS1350 阿特拉斯空压机,产地:美国。

9. TWT1250XH 特沃特空压机,产地:美国。

10. 增压机:阿特拉斯 40S 系列增压机

　　孔深在 600 m 以浅首选雪姆 T685WS、阿特拉斯 RD20 型钻机;孔深 600～1 000 m,首选雪姆 T130XD、雪姆 T200XD 型钻机。常见救援钻机如图 2-1 所示。

雪姆T130XD

宝峨RB-50R2

雪姆T200XD

阿特拉斯RD20Ⅱ

图 2-1　常见救援钻机

2 钻井方法及设备配套

2.2.2.1 雪姆 T 系列钻机

雪姆 T 系列钻机有顶驱动力装置及空气潜孔锤正反循环钻进、钻井液正反循环钻进等功能。特点：一是行动迅速，正常行驶速度可达 100 km/h，到达工作现场后 1～2 h 准备即可开钻；二是钻进高效，在第四系冲积层中钻进速度可达 10 m/h，在基岩地层中钻进平均速度为 20 m/h，最高可达 30 m/h；三是成井直径大，最小直径为 190 mm，一般为 311～500 mm，可以作为通风、输送食品、通信联络乃至升降人员的通道，目前最大直径为 1 500 mm；四是钻头定位准确，通过钻机配套的监控照相测斜系统，使钻进方向沿既定目标钻进，准确中靶，地面透巷准确率为 100%；五是适应性强，可在 −40 ℃、缺水、缺电条件下正常工作。其技术参数见表 2-3。

表 2-3 雪姆 T 系列车载钻机主要技术参数

	型号	T200XD	T130XD	T685WS
	主要特点	采用升缩桅杆技术，顶驱、全液压车载钻机	采用升缩桅杆技术，车载式高速钻机	采用框架结构，液压油缸链条传动
1.给进系统				
1.1	提升能力	90.72 t	59.1 t	33～42.5 t
1.2	下压能力	14.545 t	14.5 t	14.5 t
1.3	传动方式	升缩桅杆	升缩桅杆	重载链条传动
2.工作台参数				
2.1	工作台最大开孔	768 mm	711 mm	711 mm
2.2	工作台最大高度	2.41 m	2.41 m	1.4 m
3.动力头参数			可增大到 36 000 N·m/可选可翘式动力头	
3.1	转速	两档：0～90 r/min 0～180 r/min	0～143 r/min	0～146 r/min
3.2	扭矩	24 403 N·m@0～90 r/min 12 201 N·m@0～180 r/min	12 045 N·m@ 0～143 r/min	12 045 N·m@ 0～146 r/min
3.3	通孔直径	105 mm 配有扭矩限制器	76.2 mm 配有扭矩限制器	76.2 mm
4.桅杆参数				
4.1	桅杆长度	完全伸展：21.58 m 完全收缩：13.5 m	完全伸展：21.65 m 完全收缩：13.58 m	13.58 m
4.2	动力头净空行程	15.24 m	15.24 m	11.58 m
4.3	钻杆和套管	Ⅰ、Ⅱ、Ⅲ型	Ⅰ、Ⅱ、Ⅲ型	Ⅰ、Ⅱ型
4.4	稳定支腿数	6	5	4
5.外形尺寸		根据配置不同有所变化		
5.1	整机质量	45 t		
5.2	运输长度	15.6 m	约 14 m	约 15 m
5.3	运输宽度	2.55 m	约 2.6 m	约 2.6 m

表 2-3(续)

	型号	T200XD	T130XD	T685WS
5.4	运输高度	4.21 m	约 4.2 m	约 3.9 m
	6.搭载平台	美国 CCC 牌 12X6 特种工程卡车	美国 CCC 牌 12X4 特种工程卡车	美国 CCC 牌 12X4 特种工程卡车
6.1	卡车发动机	卡特彼勒 C13　410 马力 (1 马力≈735 W,下同)	卡特彼勒 C13 410 马力	卡特彼勒 C13　410 马力
	7.动力系统	配有发动机燃料过滤器		
7.1	主发动机	底特律 DDC/MTU 12V-2000TA 760 马力@1 800 r/min	底特律 DDC/MTU 12V-2000TA 760 马力@1 800 r/min	康明斯 QSK19-C　755 马力 @1 800 r/min
7.2	排气量	23.9 L	23.9 L	23.9 L
	8.车载空压机	寿力 1350/500 可变容积空压机 带手动离合器	寿力 1350/500 可变容积空压机 带手动离合器	寿力 1350/500 可变容积空压机 带手动离合器
8.1	最大排气压	3.45 MPa	3.45 MPa	3.45 MPa
8.2	最大排气量	38 m³/min	38 m³/min	38 m³/min
	9.预热系统			
9.1	类型	柴油预加热器	柴油预加热器	柴油预加热器
9.2	工作温度	−40～50 ℃	−40～50 ℃	−40～50 ℃
	10.卷扬机			
10.1	起重能力	5.4 t	4.35 t	4.35 t
10.2	钢缆规格	46 m×12.7 mm	46 m×12.7 mm	46 m×12.7 mm
	11.空气/泥浆管路			
11.1	抗压能力	20.6 MPa	10.3 MPa	10.3 MPa
11.2	外接空压、增压机	可	可	可
11.3	外接泥浆泵	可	可	可

2.2.2.2　阿特拉斯 RD20Ⅱ型钻机性能特点

RD20Ⅱ型钻机是阿特拉斯·科普柯公司生产的一款多功能全液压车载钻机,可应用于空气潜孔锤钻进、空气牙轮钻进、泥浆牙轮钻进、空气泡沫注水钻进等工艺。

其主要优点是钻进过程中钻架不受压力,安装方便,钻进效率高,可安设捕尘装置,粉尘污染小。

钻机主要结构特点如下:

(1) RD20Ⅱ型钻机安装于特别为阿特拉斯·科普柯设计的汽车底盘上,汽车发动机为卡特彼勒 C-13,功率为 297.3 kW。

（2）钻机动力选用康明斯 QSK-19C 柴油机,功率为 554.9 kW,设两个端子,一端驱动液压齿轮泵,带动钻机工作,另一端驱动甲板自配的高风压空压机。

（3）甲板自配空压机为英格索兰 HR2.5 型,排气量 35.4 m³/min,压力范围 0.827～2.413 MPa。

（4）配备甲板自配找平千斤顶,确保钻机稳定水平。

（5）配备甲板自配潜孔锤注油器,确保潜孔锤内部润滑。

（6）配备甲板自配脉冲式泡沫注射泵,向孔内加注泡沫液。

（7）钻杆采用标准型外径 114 mm、长 9.14 m 的外平钻杆。

（8）钻铤采用标准型外径 140 mm、长 9.14 m 的 外平钻铤。

（9）另配 XRXS1275 型移动空压机,额定流量 35.3 m³/min,工作压力 1.9～3.2 MPa。

（10）另配 B7-41/1000 型增压机,排气流量 29～69 m³/min,排气压力 5.1～6.9 MPa。

2.2.2.3　德国宝峨 PRAKLA 全液压多功能车载钻机

德国 PRAKLA Bohrtechnik GmbH(帕克拉公司)隶属于德国宝峨集团,主要生产各种型号的大直径、深井车载钻机,其中 RB-T50 型车载钻机最大钻孔直径为 1 m,最大钻深可达 1 200～1 500 m;RB-T100 型拖车式钻机最大钻孔直径可达 1.5 m,钻深可达 2 500～3 000 m。

德国宝峨 PRAKLA 全液压多功能车载钻机可以使用多种钻进工艺,包括:泥浆正循环;空气潜孔锤正循环;双壁钻杆泥浆气举反循环;单壁钻杆泥浆气举反循环;双壁钻杆空气潜孔锤反循环;绳索取芯;定向井施工。适用工艺的多样性,使得 PRAKLA 钻机既可以钻进小口径钻孔,又可以钻进大口径深孔。

（1）宝峨 RB-T50 型车载钻机

该钻机使用德国 MAN 牌汽车底盘,钻井设备均安装在汽车底盘上。车载钻井设备采用液压驱动,装有液压主动力泵 1 台,分泵多台。钻机采用顶驱(动力头)钻井。

车载钻机车上主要配备桅杆(15 m)、主卷扬机、三缸高压泵 1 台、离心泵 1 台、阿特拉斯空压机 1 台、12 V 柴油机 1 台、绳索取芯绞车、副卷扬机、空气钻井泡沫泵、潜孔锤注油泵。

该钻机的性能及参数如下:

车载钻机总提升能力为 55 t,钻井深度最深为 1 500 m,可进行 0～1 000 m 的绳索取芯;钻机开孔直径为 91～1 200 mm,可以下放 ϕ1 200 mm 以内的套管;顶驱具有 32 kN·m 的扭矩。钻机汽车底盘动力为 308.7 kW 增压柴油机,除行车提供动力外,平常的施工工作中是全车所有液压的总动力,即提供除空压机以外的所有动力;车上装配的阿特拉斯空压机,风量 35 m³/min,风压 3.0 MPa,空气压缩动力为 367.5 kW 增压柴油机;三缸高压泥浆泵流量为 1 470 L/min,泵压 7.0 MPa;离心泵流量为 3 200 L/min,泵压 0.8 MPa;泡沫泵压力 7.0 MPa,排量 9 L/min;注油泵压力 5.0 MPa,排量 0～3 L/min。

（2）宝峨 RB-T90 钻机

RB-T90 钻机的钻桅具有很高的强度,可以在任何位置承受大扭矩动力头的扭矩,伸缩桅杆全部伸出时,仍可以达到 90 t 的提升能力。动力头内通径 150 mm,并且在 150 mm 的通径时,动力头仍能够承受 90 t 的拉力。加压油缸的行程达 16.4 m,可以使用三级钻杆和套管(即可使用 12.5 m 的钻杆和 14.6 m 长的套管),能够方便地增加各种附件,如提引器、抓手、各种接头。发动机功率约 708 kW。动力头控制采取闭式回路,即使在最大提升速度时,动力头仍然能在最大流量工作。此设计在全球同等机型中独一无二。

该钻机特殊设计的高强度钢结构,适合长时间高负荷运转,特别适合在各种崎岖不平的地段行驶和工作。自动上杆机与钻机夹持器相连,能够确保钻杆的位置始终与钻机的位置保持一致,保证加卸钻杆方便、快速。自动上杆机可以加卸钻铤和大直径套管,是全球同类机型中唯一能够处理直径24 in(1 in=2.54 cm)套管的钻机(大多数设备都只能处理到12 in直径的套管)。

该钻机可以应用于正循环泥浆钻进、空气正循环钻进、气举反循环泥浆钻进、大直径潜孔锤正反循环钻进、PQ及以上的绳索取芯钻进。

该钻机配置有2 400 L液压油箱,是全球同类钻机中液压油箱最大的钻机,设备所有动作速度都大于其他同类设备,如油缸提升和加压速度、动力头转速等。

RB-T90型钻机最大钻孔直径可达1.5 m。

2.2.2.4 国产TMC90型高端多功能钻机

2011年9月,中国首批自主研发的大口径矿山救援机诞生,全称为"TMC90型全路面大口径矿山救援钻机",最大钻孔孔径1 200 mm,最大钻孔深度2 000 m,提升能力90 t。

该钻机由江苏天明机械集团有限公司生产,其技术参数见表2-4。

表 2-4 TMC90 型多功能钻机技术参数

钻进能力			
最大钩载/kN	900	钻具重量/kN	560

救生孔钻进			
钻杆×壁厚/(mm×mm)	钻进深度/m	钻孔直径/mm	
168×9.19	800	牙轮钻头,泥浆钻进,成孔直径660	
		浅孔锤钻头,空气钻进,成孔直径800	

煤层气孔钻进		水井钻进	
钻杆×壁厚/(mm×mm)	钻进深度/m	钻杆/(mm×m)	钻深/m
168×9.19	1 200	$\phi 89×10$	2 200
127×9.19	1 750	/	/
114×8.56	2 000	/	/

动力头		
转速/(r/min)	扭矩/(N·m)	
0~90	26 200	正反转速相同,速度无级可调;动力头带油压刹车和浮动机构
0~180	1 200	

主桅杆提升机动力头给进系统	
动力头净行程/m	15.3

表 2-4(续)

提升力及提升速度

最大提升力/kN	提升速度/(m/min)		强力起拔时用一个排量为 100 cm³/r 的泵(0～7.4 m/min)
900	0～26.5		
	0～19.2		
	0～7.4		
最大加压力/kN	260	钻孔倾角/(°)	90
夹持卸扣装置	采用开式夹持油缸及开式夹持摆动油缸卸扣		
卸扣力矩/(kN·m)	80		
工具绞车	单绳拉力 45 kN,速度 24 m/min		
取芯绞车	空卷筒提升力 11 kN,空卷筒提升速度 110 m/min		
测井绞车	任选		
动力站	柴油机:卡特彼勒 C18DRATNG 油田工业发动机 571 kW/2 100 r/min		
四轴输出分动箱上装有 7 台变量泵,2 台定量泵,柴油机取力轴上装有 2 台齿轮泵			
液压油箱容量 3 000 L	柴油箱容量(和底盘车共用)		

钻机外形尺寸

运输状态/(mm×mm×mm)	16 000×3 050×4 350	工作状态/(mm×mm×mm)	15 000×3 050×21 120
钻机质量/t	60		

　　TMC90 型高端多功能钻机为全液压、顶驱式高速成孔车载钻机,采用伸缩桅杆技术,可满足泥浆、空气、泡沫等钻进的工艺要求,可钻直井、斜井、水平井、对接井、羽状分支井等。配备 10×10 全驱重型军工越野底盘车,越障能力强,可通过平原、田野、丘陵、山区、高原、灌木丛、沙漠、沼泽地、水网地带及冰雪路面等,适用于矿山救援、煤层气开发、浅层石油开发,以及水文水井、地质勘探等工程施工。

　　该钻机的技术优势如下:

　　(1)动力头两挡转速,转速范围宽,无级可调,两挡转速均可到 0,额定扭矩 26 200 N·m;

　　(2)动力头主轴通孔大,可进行反循环钻进(通孔直径 105 mm),给进行程长,工艺适应性强,钻进效率高,适合正反循环钻进、空气钻进等多种工艺;

　　(3)钻进能力大,$4^1/_2$ in×8.56 mm 钻杆额定钻进深度 2 000 m;

　　(4)为车载式钻机,钻机底盘具有独特悬挂系统,断开式驱动桥、差速器,高端面车架,宽断面超低压轮胎,轮胎中央充放气等特点,10×10 全轮驱动,越野能力强,整体性好;

　　(5)有汽车底盘和上装钻机两个动力,底盘纯机械传动,上装钻机部分全液压驱动,互不干涉;

　　(6)钻机配置功率大,动力和给进机构所用的液压元器件互不重复,使用寿命长;

　　(7)动力头为可翘式,方便装卸钻杆,降低劳动强度;

　　(8)采用先进的伸缩式桅杆,使钻机起落速度快,净空行程长,运输长度短,占地面积小;

　　(9)具有慢回转和低扭矩功能,可以很好地保护钻杆;

　　(10)结构紧凑,布局合理,所有部件都裸露在外,互不重叠,便于维护、保养、修理;

（11）该钻机为全液压设备，所有元件均采用国际知名品牌高端产品，电、液、手控相结合，操作方便，灵活可靠；

（12）动力、液压系统、钻进参数均仪表显示，方便、直观，便于及时掌握孔内情况；

（13）和其他钻机相比，给进力大，更适合于定向孔钻进及起、下套管；

（14）空口和卡瓦均采用石油孔口、卡瓦，卡紧快捷，拧卸钻杆采用机械手，夹持拧卸方便可靠，工人劳动强度小。

2.2.3　空气压缩机及增压机

空气压缩机、增压机是气动潜孔锤钻进的动力源，是实现气动潜孔锤钻进的关键设备。空压机性能必须能够连续工作 100 h 以上，而且维修保养简单，技术参数可匹配增压机。常用空压机如图 2-2 所示。

（a）复盛埃尔曼 PDSK1200S 型

（b）阿特拉斯 XRVS1350 型空压机

（c）寿力 DLQ1250XHH/1525XH 型空压机

（d）特沃特 TWT1250XH 型空压机

（e）韩国斗山 XHP1170 型空压机

（f）阿特拉斯 40S 系列增压机

图 2-2　常见空压机

参数要求：单台空压机输出的最大工作压力一般要大于 2.4 MPa，风量要大于 30 m³/min。

使用方式：在钻进小井眼时，可几台并联或几台联组一台增压机。对于大井眼，井较深，特别是井内有水时，背压大，要根据井径、井深、井内水位等，计算所需风量、风压，常采用多台空压机和 1 台增压机以机组形式使用，以满足抢险作业需要。

2.2.4　救援提升设备

三一汽车起重机械有限公司自主研制的矿山救援起重机,配有自主研发的 SYLRC-55M 型升降救生舱,具有独创的断索保护机构,一旦舱体出现钢索异常断裂,可瞬间实现防坠落保护。该起重机能通过大口径救生通道安全提升遇险人员。整套设备如图 2-3 所示。

图 2-3　救援起重机

救援提升舱分导向段、上舱体、下舱体、可脱离段 4 部分,其结构及主要配置如图 2-4 所示。

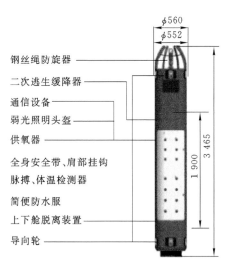

图 2-4　救援提升舱

救援舱可在最小内径 600 mm 的救援井中运行,内部可载限高 1.9 m 的人员;为保证在巷道内顺利打开舱门,将舱门设计成上下两扇,可在最小高度 1 450 mm 的地下巷道中实现方便人员进入。

导向段配备钢丝绳防旋保护装置,可有效防止钢丝绳下放或提升过程中与舱体一起旋转,降低因旋转而损坏的可能性。四周装有减振自润滑滚轮,舱体在运行的过程中与井壁滚动接触,可减少因舱体与井壁的碰撞给被救人员带来的不适感。

上舱体为设备舱,内置氧气自救器、血氧饱和度监测仪、安全带、摄像头、电话机、缓降机等。

下舱体为载人段,下端为可脱离段,救援舱在救援井内卡住不能上下时,乘坐人员可使用脱开装置快速打开救援舱底部舱体,依靠缓降机回到井下,实现二次逃生,等待重新救援。

可脱离段底部设计有弹簧缓冲装置,当救援舱到达救援井底部时,可避免救援舱与井底刚性碰撞。

此外,还有输送食物、氧气、医用品、通信设备、照明设备等基本功能的检测补给舱;还具备深井提升功能。其主要技术参数见表 2-5。

表 2-5　三一公司矿山救援提升装备的主要技术参数

主要模块	技术参数
全地面底盘	最高行驶速度≥80 km/h 转弯直径≤14 m 爬坡度≥45%
提升舱	承载能力≥500 kg 舱体自重≤500 kg 舱体外径≤560 mm 舱体有效空间≥ϕ530 mm×1 850 mm
检测与补给舱	最大承载能力≥100 kg 舱体自重≤300 kg 舱体外径≤120 mm 舱体有效容积≥10 L 具有食物、氧气、医用品及通信、照明设备舱
深井提升设备	主臂全伸长度≥10 m 带副臂最大起升高度≥18 m 工作深度≥1 000 m 额定总起重量≥5 t 提升速度≥100 m/min

山西省煤炭地质 115 勘查院也研制了一种矿井垂直救援提升系统,并获得发明专利。

该系统包括矿井救援机动车、组装式提升井架平台和矿井救援舱。其中的矿井救援机动车上设置有车载提升装备基础平台及其救援提升装置,再由救援提升装置上的通信钢丝绳通过井口独立组装提升井架平台及其天轮垂直连接矿井救援舱,并由救援提升装置监控系统对矿井救援舱及其被困人员实施救援和监控。

根据现场情况,采取灵活机动的救援方式。

救生要根据具体情况,以抢时间、保安全为目标,灵活机动地处理。

平邑石膏矿救援5#救生通道"三开"使用 ϕ565 mm 钻头钻进,至孔深 218.16 m 超过巷道底完钻。由于没有直接透巷,通过遇险人员人工开挖和救生通道连通后,通过可视的生命探测仪发现地层坍塌严重,而且孔壁仍在不停地脱落掉块。为了升井时矿工的安全,经现场讨论,决定下 ϕ508 mm、壁厚 12 mm 的套管,隔离垮塌的地层。

但由于 ϕ508 mm、壁厚 12 mm 的套管内径只有 484 mm,没有提升罐笼通过的空间。经了解,井下 4 名被困人员身体健康,意识清醒,有一定的自我防护能力,同时,井下随时面临二次垮塌的危险,而且井下水位不断上升,已经逼近被困矿工位置,情况危急。指挥部决定:用消防救生缆绳提升被困矿工出井,顺利解救了 4 名矿工。

3 救援钻井关键技术

3.1 空气钻井

空气钻井是以压缩空气既作为循环介质又作为破碎能量的一种欠平衡钻井技术。国内常用的空气钻进技术是空气潜孔锤钻进技术。

空气潜孔锤钻进的优点：

① 钻进效率高。生产实践证明，其钻进效率比波动冲击回转钻进提高了 3～10 倍，效率高的原因是：单次冲击功大，排渣风速高，孔底干净，无二次破碎。空气潜孔锤钻进无液柱压力，在无地下水的情况下，改善了孔底条件。

② 潜孔锤的柱齿或球齿硬质合金钻头，在坚硬破碎岩石中使用，既有利于破岩，又有比常规钻头寿命高的特点，大大降低了钻头成本。

③ 因钻具转速低，钻具对孔壁的碰撞机会较少，而且这种钻进方法是对孔底进行高频能量冲击，能有效控制岩石或倾斜地层产生孔斜，从而可提高钻孔的垂直度，同时也可减少孔壁岩石坍塌。

④ 比起回转钻进，潜孔锤钻进所需的钻压和扭矩要小得多，空气潜孔锤工作时单次冲击功在瞬间即可产生极大作用力，这样可减轻设备的质量，为大口径硬岩钻进创造了有利条件。

⑤ 空气潜孔锤钻进采用干式作业，空气既作为动力又作为排渣介质，对污染环境小。

3.1.1 空气正循环钻进

3.1.1.1 钻压的选择

空气潜孔锤钻进是在静压力（钻压）、冲击力和回转力三种力作用下碎岩的，其钻压的主要作用是保证钻头齿能与岩石紧密接触，克服冲击器及钻具的反弹力，以便有效地传递来自冲击器的冲击功。钻压过小，难以克服冲击器工作时的反弹力，直接影响冲击功的有效传递。

对于潜孔锤全面钻进，一般认为单位直径的压力值为 0.3～0.95 kN/cm，钻压的合理选择应考虑到钻进方式、设备性能、钻具匹配，以及所选用的冲击器的性能（如低风压还是中高风压，因工作压力的不同而反弹力不同），既要达到最佳的钻进效果，还要最大限度地减少钻具及钻头的磨损。钻压可参照表 3-1 选取。

表 3-1 气动潜孔锤钻进推荐钻压

潜孔锤直径/mm	最低钻压/kN	最高钻压/kN
76	1.5	3.0
102	2.5	5.0
127	4.0	9.0
152	5.0	15.0
203	8.0	20.0
305	16.0	35.0

潜孔锤钻进主要靠冲击器活塞来冲击钻头,而不是靠钻杆柱加压提高钻速。如果孔内钻柱自身重力超出其范围则应采取减压钻进。钻压过高会导致钻杆剧烈振动,将会增大回转阻力和使钻头早期磨损,也会损坏冲击器,还会产生钻孔弯曲和钻速下降等问题。因此,在选取压力参考值时应尽可能取下限值。

3.1.1.2 转速的选择

潜孔锤钻进是冲击回转钻进并以冲击作为碎岩主要方式的钻进方法。所以无须过高的线速度。一般转速选用 20 r/min 左右为好,转速太快,对钻头的寿命不利,特别是在研磨性强的岩层,转速过快将使钻头外围的刃齿很快磨损和碎裂。转速过高也会导致钻进效率的降低。由于空气潜孔锤钻进是冲击碎岩的,回转只为改变钻头合金的冲击破岩位置,避免重复破碎,因此转速的选择主要考虑冲击器的冲击频率、规格大小以及钻岩的物理机械性质。合理的转速应保证在最优的冲击间隔范围之内。

最优冲击间隔多采用两次冲击间隔的转角来确定,转速、冲击频率与最优转角的关系如下:

$$A = n360°/f$$

式中 A——最优转角,(°);

n——钻具转速,r/min;

f——冲击频率,次/min。

美国水井学会康伯尔认为,在硬岩中两次冲击之间的最优转角为 11°,因而主张钻机立轴转速取 18~30 r/min。国内学者通过对各种地层采用潜孔锤钻进的应用实践进行研究后认为,钻速选择在 10~50 r/min 是比较合理的,对于硬岩层选用低转速,对于软岩层选用较高转速。

如果转速太慢,则将使柱齿冲击时与已有冲击破碎点(凹坑)重复,导致钻速下降。常规是岩石愈硬或钻头直径愈大,愈要求用较低转速。在某些严重裂隙性岩层中钻进,有时为防止卡钻而采用增加转速的办法。但也要注意有时卡钻是因为钻头已过度磨损,而增加转速会使问题复杂化。对潜孔锤钻进,最优钻头回转速度,应以获得有效的钻速、平稳的操作和经济的钻头寿命作为一般要求,现提出下列经验数据供选择:覆盖层为 40~60 r/min;软岩为 30~50 r/min;中硬岩层为 20~40 r/min;硬岩层为 10~30 r/min。

也可根据岩石性质、钻头直径、冲击器的冲击功、冲击频率来确定转速。一般直径在 ϕ200 mm 左右的钻孔,中硬地层 20~30 r/min、硬岩层 10~20 r/min。

3.1.1.3 风压的选择

冲击器的冲击频率和冲击功都与空气压力有关,空气压力是决定冲击功的重要因素,因而也是影响机械钻速的主要参数,一般认为所用压缩空气的压力高,则潜孔锤钻进的效率也高,而且钻头的使用寿命也会变长。

空气压力除满足潜孔锤工作压力外,还应克服管道的压力损失、孔内压力降、潜孔锤压降,且在有水情况下尚需克服水柱压力。

$$p = Q_2 L + p_m + p_锤 + p_水$$

式中　p——空气压力,MPa;

　　　Q_2——每米干孔的压力降(一般为 0.001 5 MPa/m);

　　　L——钻杆柱长度,m;

　　　p_m——管道压力损失,$p_m = 0.1 \sim 0.3$ MPa;

　　　$p_锤$——潜孔锤压力降,MPa;

　　　$p_水$——钻孔内水柱压力,MPa。

由上式可以看出,钻杆柱长度越长,所需空气压力就越大,钻进深度也越大。

3.1.1.4 风速和风量的选择

空气钻进中空气消耗量是根据气动潜孔冲击器的性能参数及为清除孔内岩屑的最低上返速度确定的。在进行大口径潜孔锤钻进时,若钻孔直径和所用钻杆直径的级差比大,就会出现潜孔锤供风量不能满足排渣所需风量的问题,所以携带孔底岩屑的钻杆的直径与井壁之间的环状间隙就显得尤为重要。供风量的选择与确定,主要是要有一定的环空上返风速,保证清除孔底岩屑。一般的,取芯钻进时,上返速度 $v = 10 \sim 15$ m/s,全面钻进时 $v = 20 \sim 25$ m/s。为满足上述要求,对空气量的计算一般采用下式:

$$Q = 47.1 K_1 K_2 (D_2 - d_2) v$$

式中　Q——钻进时所需空气量,m^3/min;

　　　K_1——孔深损耗系数,孔深 $100 \sim 200$ m 以内取 $1.0 \sim 1.1$;

　　　K_2——孔内涌水时风量增加系数,其值与涌水量有关,中等以下涌水量 $K_2 = 1.5$;

　　　D_2——钻孔直径,m;

　　　d_2——钻杆外径,m;

　　　v——环状间隙气流上返速度。

选择好风量、风速和风压的技术关键在于如何掌握好以下三个关系:

(1) 空气能量和循环阻力的关系;

(2) 上返速度和清孔效果的关系;

(3) 介质密度和钻井条件的关系。

在解决好上述关系的同时,还要采取相应的技术措施,如:增加供风量和供风压力;减小环流断面。为减少岩屑堆积,还可采用在潜孔锤上部安装沉淀管的办法,这样既能取得效果,又能使风量消耗减轻。

3.1.2　空气反循环钻进

空气反循环钻进示意图如图 3-1 所示。

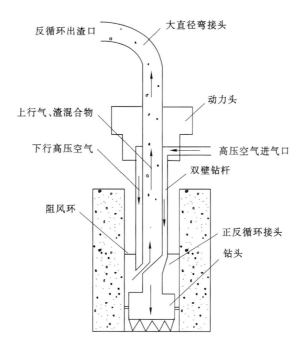

图 3-1 空气反循环钻进示意图

3.1.2.1 空气反循环钻具组合

空气反循环钻进的钻具一般有以下两种组合形式：

(1) $\phi711$ mm 潜孔锤钻头 ＋ $\phi680$ mm 扶正器 ＋ $\phi279$ mm 双壁钻铤 ＋ $\phi219$ mm 双壁钻杆,接空气反循环动力头。

(2) $\phi580$ mm 潜孔锤钻头＋$\phi279$ mm 双壁钻铤＋$\phi219$ 双壁钻杆,接空气反循环动力头。

3.1.2.2 钻压、转速

空气反循环钻进钻压、转速的选择同空气正循环钻进。

3.1.2.3 风量

采用空气反循环钻进工艺所需风量不受钻孔孔径的影响,其影响因素只取决于双壁钻杆中心通道断面积和上返风速,所需风量小,采用 SHB89/55 mm 型双壁钻杆时,反循环钻进工艺所需风量仅为 2.5 m^3/min,而正循环钻进时所需风量为 6 m^3/min(钻孔口径 $\phi122$ mm,上返风速 15 m/s)。

3.1.2.4 水量

空气反循环连续取样钻进,采用空气作为循环介质,在其上返风速达到$15\sim25$ m/s 时,可以起到携带岩屑、冷却钻头、清洗孔底的作用。在空气介质中,配合适当的水量,可以实现不同的钻进方法,有利于创造良好的工作环境。根据加水量的大小,可分为以下几种方法。

(1) 干空气钻进

在无水地层采用干空气钻进,在上返风速达到 $15\sim25$ m/s 时,可以满足空气反循环连续取样钻进的需要,缺点是在反循环建立之前和样品收集时,粉尘大,工作环境差。

(2) 雾化钻进

在空气介质中加入1‰～0.5‰的水,可实现雾化钻进。雾化钻进在潮湿地层中,可解决泥包、泥堵和岩粉黏附钻杆内壁等问题,可有效提高纯钻进时间利用率。

（3）气水混合钻进

当增大空气中水的比例至3%～6%时,可实现气水混合钻进,形成气、水、屑三相混合流,增大携屑能力。

3.1.2.5 空气反循环连续取样钻进工艺钻具组合

该工艺钻具组合分为以下两种。

（1）牙轮钻头（普通潜孔锤）＋正反循环接头＋双壁钻杆＋气水笼头＋鹅颈管＋排屑管。

（2）贯通式潜孔锤（贯通式钻头）＋双壁钻杆＋气水龙头＋排屑管。

3.1.2.6 空气反循环连续取样钻进工艺技术措施

（1）该工艺由于中心通道空气上返流速高,因此判层准确,能随时确定地层变化,并根据地层情况选择合适的钻进参数。

（2）在钻进中要最大限度保持连续钻进,防止各种原因造成的中途提钻及再次下钻,因为这样易产生复杂情况。

（3）钻进中如遇岩屑堵塞、孔内沉渣或掉块卡钻致使无法钻进时,可在孔口加接反吹接头,改孔内反循环为正循环,同时窜动钻具,利用高压气流,可较快排除上述故障。反吹接头在该工艺中是确保钻进顺利和处理卡钻事故的重要工具。

（4）钻进中要确保反循环的有效建立,高压空气送入孔底后,有两种循环趋势,当反循环趋势强时形成反循环,反之则形成正循环。采用贯通式潜孔锤（贯通式钻头）由于设计合理,反循环效果较好。

（5）钻进中,应控制钻孔的弯曲度,在潜孔锤钻进中,钻进参数多采用小钻压、低转速,不易造成钻孔弯曲。当钻遇坚硬岩层时,往往为追求效率而加大钻压,致使钻孔局部弯曲。这时可在转换接头上部钻杆增加扶正器,改变钻杆工态,以保证钻进的顺利进行。

3.1.2.7 大口径空气潜孔锤反循环钻进复杂地层

大口径钻孔在钻遇复杂地层时相对小口径事故率更高,发生事故时处理起来更复杂。

（1）浅部的裂隙风化带层

浅部的裂隙风化带地层,使用大口径空气潜孔锤反循环钻孔时因裂隙跑风,反循环不能实现,可以通过增加并联空压机数量增大送风量,并使用空气正循环的方式,突破浅部地层风化带后,再加上阻风环实施空气潜孔锤反循环钻进。

（2）溶洞发育地层

溶洞发育地层在钻头钻入时可能出现漏风、涌水、掉块等情况的发生。阻风环进入该地层时由于封闭不严,造成跑风、岩粉跑到阻风环之上,严重的可以造成卡、埋钻。因此,当钻遇岩溶地层时必须采取措施:① 降低钻进速度,增加划眼次数,预防岩粉堆积,保持孔底干净;② 发现孔口有气体上返时,说明阻风环密闭不严,可以通过上移阻风环的安放位置或者再增加一套阻风环的方式,做好钻孔的密闭,恢复良好工况的反循环钻进。

（3）胶结性差、富含砾石地层

胶结性差、富含砾石的地层易垮塌超径,垮塌可能造成埋钻,超径则造成阻风环密闭不严,岩粉不能随时上返,可造成卡钻。富含砾石地层由于砾石不容易被钻头破碎,也不容易被循环系统携带至地面,在孔底越聚越多,可能造成卡钻。因此,要加强地层预测,在钻遇胶结性差、富含砾石地层之前,在上部完整地层增加阻风环,当钻遇复杂地层时,仍然可以保持孔内风压及反循环岩粉上返正常,减少或避免事故的发生。

3.1.3 空气钻进注意事项

（1）冲击器的润滑

冲击器一般都工作在比较恶劣的环境下,高速循环介质流经冲击器也会不停地带走冲击器内部的润滑油,因此要时常加注润滑油以保证冲击器的正常运行及延长冲击器的使用寿命。一般每隔一段时间就应在下钻前向冲击器加注润滑油。当钻进不正常或冲击器工作不稳定时,应检查拆洗冲击器,保持其良好的工作状态。

（2）管路的密封

循环管路要保持良好的密封性能,以保证风压、风量的稳定,这也是潜孔锤钻进工程中十分重要的保障工作。空压机与钻机之间的管路要求采用双层钢丝高压管并且用丝扣连接。要求及时更换掉不能良好密封的钻杆及密封件。

（3）钻头的检查

潜孔钻头承担着钻进中主要的负荷,因此要定期检查是否有裂纹和破损,有则及时更换,以免断钻头。钻头也是钻进过程中直接的碎岩工具,要保持其高效地工作,就要随时检查钻头合金齿的磨损和损坏情况,做必要的打磨、修补和更换。

（4）检查钻具,预防钻具事故

采用空气潜孔冲击器取芯钻进,由于钻具受冲击、回转扭矩及静压等复杂的应力作用,应当十分重视对钻具连接丝扣、钻具磨损情况、冲击器连接部位的检查,发现问题及时采取更换、修复等措施。

（5）吹井

下钻到底钻进前,应当强力"吹井",钻进中根据进尺速度、孔口排屑情况,适当停钻吹井,要始终保持孔内清洁。下钻接上主动钻杆后应开始供风,起钻时徐徐关风,提钻遇阻时切忌强力提钻,应及时供风并上下活动钻具再停风提钻。

3.1.4 气举反循环钻进

3.1.4.1 气举反循环工作原理

气举反循环钻进是将压缩空气通过气水龙头,经双壁主动钻杆及其内、外管之间的环状间隙,由气水混合器喷入内管,气体与钻杆内的水混合,从而形成密度小于管外的掺水混合液柱,由于不断地供气,管内混合气液柱的压力降低,而钻杆外的冲洗液密度较大,这样,在钻杆内管内的气水混合物和钻杆外较大密度的冲洗液之间形成了压力差,低密度的气水混合物在压差的作用下,向上运行产生气举。气(空气)、液(冲洗液)、固(岩屑)三相混合物以较高的速度通过钻杆内管被带出管外,从而把井底岩粉或岩芯不断带出地表。返出孔内的冲洗液经地面净化处理后再流入井内,循环使用,如图 3-2、图 3-3 所示。

压缩空气由混合室向钻杆送入,与水混合形成气泡,这需要一段时间才能形成较好的气泡。气泡在上升过程中,由于外界压力逐渐减小而继续膨胀。其膨胀功转化为流体的动能,提高了混合液上升的速度,故称气举反循环。

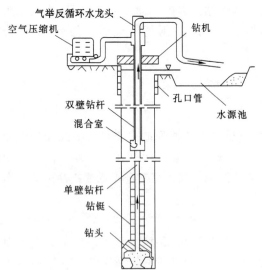

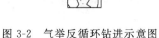

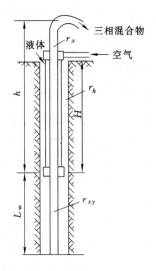

图 3-2　气举反循环钻进示意图　　　　　图 3-3　气举反循环工作原理示意图

3.1.4.2　气举反循环的优势

（1）钻进效率高。由于气举反循环钻进时冲洗液上升速度较快,因而其携带岩屑的速度也快。这样,井内钻头始终保持在清洁的岩石面上工作,减轻了钻头的磨损,避免了重复钻进,从而提高了钻进效率。实践证明,气举反循环钻进比常规的正循环钻进能提高效率30％～50％。

（2）钻探成本低。使用气举反循环钻进,由于钻头始终在清洁的岩石面上工作,不会产生重复钻进,减轻了钻头的磨损,钻进中不需要频繁地更换钻头,所以,增加了钻头的使用寿命及纯钻进时间,降低了钻探成本。另外,气举反循环钻进过程中,冲洗液往井内倒流,根本不使用泥浆泵,这样不但降低了泥浆泵配件的消耗,还节约了动力的消耗,同时也降低了工人的劳动强度。使用气举反循环钻进,只要井内条件允许,就可以用清水作为冲洗液,这样又节约了泥浆材料。

（3）降低了事故率。在施工含裂隙的不稳定地层时,都存在涌水或漏水现象。常规钻进中,对于非目的含水层,往往采用封堵的方式,这样既浪费大量的时间、人力和物力,其效果也未必好;如果是目的含水层,就只能顶漏钻进。这两种情况下都难免会产生烧钻、埋钻或卡钻事故。如果采用反循环钻进工艺,由于钻进时在孔底形成抽吸负压,能有效地携带新岩粉和岩层裂隙中残留的碎屑,同时由于钻进效率高,能快速穿过不稳定地层,所以可减少对不稳定地层的扰动,降低了事故率。

（4）摊销费用低。由于施工周期缩短,一些与时间成正比的消耗按比例摊销较少,比如人员工资、油料消耗、电费消耗等。另外,由于成孔质量高,一些重复作业大幅度减少,比如常规工艺所成的钻孔,在下管前要进行多次修孔、验孔,从而减少了许多辅助作业的消耗。

（5）成井质量好,易洗井,洗井时间大大缩短。在地热井目的层钻进时,使用气举反循环钻进采用清水作为冲洗液,这样就避免了泥浆正循环钻进造成的泥皮碎细岩屑堵塞目的层裂隙的现象,尤其是裂隙不太发育的地层,由于使用了气举反循环钻进,目的层的井壁比较干净,洗井相比传统泥浆钻进容易得多,而且井径规整、出水量大,也避免了泥浆中的化学元素污染地下水的情况出现。

(6)判层准确。气举反循环钻进工艺岩屑上返速度极快,分选混合不严重,延迟时间可忽略,可根据粗大的岩屑层序,准确地进行地质判层,代替岩芯编录。

3.1.4.3   气举反循环的设备配套

气举反循环钻具包括液气分离装置、液气输出胶管、气水龙头、双壁钻杆、气水混合器、单壁钻杆、扶正器、钻头等,具体见表3-2。

表 3-2   气举反循环的设备配套表

序号	设备/机具名称	规格	数量	单位	备注
1	空压机		1	台	压力 10 MPa,风量 7 m³/min,电机移动式
2	大气盒子	上反 630/下反 631 扣	1	个	接水龙头上
3	双壁主动钻杆	133 mm×133 mm×12 200 mm	1	根	石油专用
4	双壁钻杆	φ127 mm/62 mm×9 400 mm	600	m	G 级,纯新无细扣
5	气水混合器	—	1	套	
6	变正循环用堵头		1	套	
7	反循环取样装置	—	1	台	
8	高压空气胶管	2 in×20 m	1	根	10 MPa
9	密封易损件	—	5	套	
10	反循环钻头变丝		2	个	
11	普通钻杆	φ89 mm	70	t	纯新,G 级
12	钻铤	φ203 mm	4	根	
13	钻铤	φ159 mm	10	根	
14	钻铤	φ121 mm	8	根	
15	高压胶管	3.5 in×20 m	1	条	
16	冲击器	10 in	1	套	
17	贯通式冲击器	10 in	1	套	

注:1 in=2.54 cm。

3.1.4.4   气举反循环施工中的注意事项

(1)由其他钻探工艺改为气举反循环时,井底往往会有很多未被排除掉的岩屑,下钻时应防止岩屑堵塞循环管路。一般情况下,下钻距井底 3 m 左右就应开始启动空压机进行气举反循环,待出水正常后,再慢慢转动钻具扫孔至孔底。

(2)钻进过程中,要经常观察排渣口的排渣状况及返水量大小。发现岩屑突然减少或水量减小,应及时提动钻具,减小井下压力,控制进尺或停止钻进。待排渣正常后再继续钻进。

(3)气举反循环钻进时,应经常查看空气压力表。表压突然增大是管路堵塞或垮孔;表压突然降低是管路漏气。井内冒泡是外管漏气;压力表值下降很多,排渣减少,进尺减慢则是内管损坏。无论发生任何异常,都应及时停止钻进,并提起钻具进行检修。

（4）地层变层时，要控制给进，以免管路堵塞。当发生管路堵塞后，应及时提钻检修，防止钻头烧死或发生埋钻。

（5）回次结束后，或加尺前，一定要先停钻机钻进，继续开动空压机，直至排出的岩屑较少为止，否则容易使管路堵塞。

3.1.4.5 气举反循环施工存在的不足

（1）在干旱缺水地区水位较低，无法建立起反循环。

（2）若漏失地层水位较低，无法建立起反循环。

（3）密封件容易损坏，维修成本较高。

3.2 液体钻井

3.2.1 泡沫钻井液

3.2.1.1 泡沫钻探的使用范围

（1）在沙漠、高山和严冬等供水困难的条件下钻进。由于泡沫大部分为压缩空气，含水量很少，仅为空气的 $1/60 \sim 1/300$，采用泡沫钻进可以大大减少水的消耗量，用水量可减少 90% 以上。

（2）漏失地层中钻进。由于泡沫对岩层裂隙和孔洞具有堵塞作用，加上泡沫柱的压力仅为水柱压力的几十分之一（泡沫密度为 $0.032 \sim 0.096$ kg/L），故可以在漏失地层中有效地钻进。

（3）在遇水膨胀、缩径和坍塌的地层中钻进。由于泡沫具有疏水性且含水量极少，故可保证该类岩层孔壁的稳定，避免遇水所造成钻进难题。

（4）在弱胶结怕冲刷的岩层中钻进。由于泡沫上返速度小（0.5 m/s 左右），避免了空气钻进和泥浆钻进中高速上升气流（>15 m/s）和上升液流（$1.0 \sim 2.0$ m/s）对弱胶结岩层的冲刷作用。

（5）在永冻地层中钻进。由于泡沫的导热性和热容量小，可以防止永冻地层融化而造成的钻进事故。

（6）易产生钻头泥包的地层。由于泡沫携带岩粉的能力强，悬浮能力大，以及泡沫具有疏水性，故钻进时不会产生钻头泥包现象和卡钻现象。

3.2.1.2 泡沫及泡沫剂

（1）气液混合体系

在钻进过程中，使用最广的清洗介质是水、泥浆、聚合物及其他溶液和压缩空气等。泡沫是一种由气体和液体组成的气液混合体系，根据在孔内的流动状态，气液混合体系有充气液体、雾、泡沫等形态，如图 3-4 所示。

气液混合体系中相的状态，常利用气液比 X 来衡量，即指在一个大气压条件下气体 Q_g 和液体 Q_L 的体积比：

$$X = Q_g / Q_L$$

$X < 60$ 时为充气液体；$X = 60 \sim 300$ 时为泡沫；$X > 300$ 时为雾。

充气液体是分散多相体系，在该体系中，液体是被分散的介质，而气体是分散相，气泡和

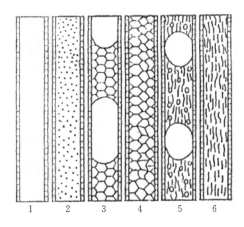

1—空气流;2—雾状物;3—气塞泡沫;4—稳定泡沫;5—充气液体;6—液体。

图 3-4　气液混合体系的不同形态

气体彼此是不连续的。

雾是多相分散体系,体系中半径 $3\sim10\ \mu m$ 的小液球(表面活性物质的水溶液)是分散相,而空气是被分散的介质。

泡沫是多孔膜状的多相分散体系,由很多被很薄的水膜分开的小气泡所形成。小气泡具有多边形状。液体是泡沫体系中的连续分散介质,而分散相是气体。

(2)泡沫剂

泡沫剂一般由发泡剂、稳泡剂和其他添加剂三部分组成,通常发泡剂(是泡沫剂的主要成分)含量为 $60\%\sim80\%$,稳泡剂含量为 $0.1\%\sim1.5\%$,其他添加剂不足 15%,余量为水。

发泡剂有阴离子型、非离子型、复合型和高聚物型。

① 阴离子型发泡剂:它在离解时形成带负电的离子,因而其溶解在水中的阳离子不多。

② 非离子型发泡剂:它在水中不电离,它们的溶解度决定于亲水的官能团,所以这种发泡剂的最大优点是有很高的抗盐抗钙能力,不受水质和 pH 值影响,应用范围较广。很多性能超过离子型发泡剂,其最大缺点是溶解速度慢,需要加入大量的助溶剂。

③ 复合型发泡剂:它是在阴离子型发泡剂的亲水基和亲油基之间插入具有一定极性的亲水基团,常加入的是聚氧乙烯醚。由于这种基团的加入,无论是在溶解性、分散性、耐低温性、起泡能力方面,还是在抗硬水性上都是优良的,且其生物降解能力好,可以在 $2\sim3\ d$ 内完全降解而不污染环境。

④ 高聚物型发泡剂:其分子量一般为 $3\ 000\sim5\ 000$,特点是在一个长链上有多个亲水基团和极性基团,起泡能力很强,稳泡时间较长,不受钙镁的侵蚀。缺点是合成工艺复杂,成本较高。

3.2.1.3　泡沫钻进设备

泡沫钻进设备是在常规冲洗液钻进设备基础上增加了空气压缩机(简称空压机)、增压装置、计量泵、消泡装置和孔口密封装置等。

(1)空气压缩机

它是制取泡沫,以及利用喷射装置抽取和消除泡沫所必需的设备之一。一般根据钻进条件、钻孔口径和制取泡沫的工艺流程来选择。要求其工作压力为 $0.6\sim1.2\ MPa$,排气量

为 $1\sim9.0$ m³/min。

（2）计量泵

它是用于抽取和注入泡沫液的设备，以便将泡沫液与压缩空气混合，故其压力要求与空气机等同，为 $0.6\sim1.2$ MPa，其泵量为 $10\sim60$ L/min。

（3）增压装置

若不用增压装置，采用工作压力 $p<1.2$ MPa 的空压机，钻进深度常小于 150 m。当钻进更深的钻孔时，需采用高压空压机，而高压空压机的外廓尺寸大、笨重、运输困难、价格贵、功率大，为此常用水泵泡沫增压装置。在原泥浆泵的基础上，安装增压装置，将低压空气和泡沫增压到原有泥浆泵的压力，再将泡沫注入孔内。目前，国内已研制成的增压装置有BWZ250/50 型、BWZ320 型、BWZ850 型和 BWZ1100/50 型。

（4）消泡装置

泡沫钻进时从孔内返回到地表的泡沫需要进行消泡处理，使泡沫液重复利用，实现闭式循环。否则，不但会增加成本，还会影响正常操作。喷射式消泡装置和缝隙式消泡装置是利用空压机排出的多余压缩空气同时供消泡装置用，其安装和使用简单，消泡效果好。

（5）孔口密封装置

泡沫钻进时为了使用消泡装置，孔口必须有一密封装置，否则上返泡沫会从孔口喷出，而不会流到消泡装置内。孔口密封装置要求较复杂，不但要保证钻进时钻杆既回转又上下移动时的密封（主动钻杆外形又有圆形和方形），还要保证密封时能承受一定的压力，常采用补心密封块来密封不用开关钻杆的孔口。

3.2.1.4　泡沫水泵增压钻探工艺

（1）泡沫剂

发泡剂：十二烷基苯磺酸钠，浓度：$0.2\%\sim1\%$。

稳泡剂：羧甲基纤维素钠（CMC-Na），浓度：发泡剂的 5% 左右。

（2）气液比

正常：$100\sim300$；

强裂隙、弱胶结地层：$100\sim200$；

弱裂隙、致密地层：$60\sim120$；

涌水地层：$58\sim75$。

（3）空气量

$$Q = 25\pi(D_H{}^2 - D_P{}^2)v_f \times 10^6$$

式中　Q——空气量；

　　　D_H，D_P——钻孔直径和钻杆直径，mm；

　　　v_f——泡沫上返流速，>1.5 m/s。

（4）注入压力

顶浆时：

$$p = 2\text{‰}h + (h - h_1)/100 + p_k \text{(MPa)}$$

式中　h——孔深；

　　　p_k——管路压力损失；

　　　h_1——静水位。

正常钻进时：
$$p = 2‰h + p_k (\text{MPa})$$

（5）钻压

钻压要能保证钻头有效破碎岩石，具体根据地层而定。在钻进裂隙性的、软的、破碎的和软硬夹层的岩石时要减小钻压；在研磨性小的岩中钻进时，要适当加大钻压。总体上与清水钻进相比，由于孔内无液柱压力和对钻杆柱的浮力减小，其钻压也可相应减小。

（6）转速

应根据钻机功率、钻杆强度、尽可能小的钻具振动和保证管外空间内泡沫体系的稳定来选择尽可能高的钻具转速。在研磨性大的、破碎的、多孔洞的、孔壁易塌的地段中钻进，转速降低 20%～30%，但在正常岩石中，转速可加大。

3.2.2　微泡钻井液

3.2.2.1　主要性能

微泡钻井液的性能如表 3-4 所列。

表 3-4　微泡钻井液的性能

参数	性能指标	参数	性能指标
井段/m	1 026.00～1 608.07	含砂量/%	≤0.3
密度/(g/cm³)	0.95～1	初切力/Pa	3～20
漏斗黏度/s	≥30	终切力/Pa	5～25
pH 值	7～9	塑性黏度/(MPa·s)	≥18
API 滤失量/(mL/30 min)	<4	动切力/Pa	≥15
泥饼/mm	≤0.5	固相含量/%	≤4

3.2.2.2　微泡钻井液推荐加量范围

微泡钻井液的处理剂为 4 种专用处理剂，包括发泡剂、稳泡剂、增黏剂、降失水剂；3 种辅处理剂，包括氢氧化钠、碳酸钠、氯化钾；1 种破胶材料。具体加量范围见表 3-5。

表 3-5　微泡钻井液加量范围

处理剂	推荐加量/%	备注	处理剂	推荐加量/%	备注
氢氧化钠	0.05～0.2	可选	发泡剂	0.1～0.4	必选
碳酸钠	0.1～0.2	可选	稳泡剂	0.4～1.0	必选
增黏剂	0.2～0.5	必选	氯化钾	3～5	必选
降失水剂	1.0～1.5	必选	破胶剂	3～5	必选

3.2.2.3　微泡钻井液配制

在泥浆罐及泥浆池中分别加入所需连续相——水，使用加料漏斗、剪切泵、直接在泥浆罐中按顺序依次加入处理剂，加料完毕后，使钻井液在泥浆罐与加料漏斗间循环至处理剂完全溶解。

　　(1) 提高密度:适当添加增黏剂、降失水剂、稳泡剂、氯化钾,以添加氯化钾为主;
　　(2) 降低密度:适当添加发泡剂;
　　(3) 提高黏度:适当添加增黏剂、降失水剂;
　　(4) 降低黏度:适当添加配浆水降低黏度,然后添加适量发泡剂降低密度。

3.2.2.4　微泡钻井液维护

　　烧碱和纯碱采用配液罐(1～2 m³)配制,溶解完全后打入泥浆罐循环入井。

　　由于添加 KCl 等化学剂对仪器信号传输和伽马值的稳定性有影响,因此在正常钻进时,采用配液罐(1～2 m³)配制,溶解完全后再打入泥浆罐循环入井。

　　增黏剂和降失水剂采用剪切泵加入,按照 1 kg/min 的加料速度进行;稳泡剂和发泡剂在罐面直接加入,加入时注意加药速度。

　　实时监测钻井液性能变化,做到及时补充稳泡剂和发泡剂,确保密度的稳定性。

3.2.3　绒囊钻井液

3.2.3.1　配方

　　清水＋0.05%～0.2%氢氧化钠＋0.1%～0.2%碳酸钠＋0.5%～2.0%囊层剂＋0.5%～2.0%绒毛剂＋0.1%～0.4%成核剂＋0.4%～1.0%成膜剂＋3%～5% 氯化钾。

3.2.3.2　各成分的作用(表 3-6)

表 3-6　绒囊钻井液原材料、处理剂作用

序号	原材料或处理剂	作用
1	氢氧化钠	调节 pH 值
2	碳酸钠	调节配浆水的硬度
3	囊层剂	敏化,形成绒囊层并使之致密
4	绒毛剂	吸附,形成绒囊钻井液囊泡的绒毛
5	成核剂	发泡,形成绒囊钻井液囊泡的气核
6	成膜剂	嵌入,增强囊泡的泡膜强度
8	氯化钾	黏土抑制剂

　　根据地层需要,可加入增黏剂提高体系黏度切力,加入成核剂维持体系中的绒囊数量,加入氯化钾增强绒囊钻井液的抑制性。

3.2.3.3　绒囊钻井液体系优点

　　(1) 具有良好的流变性,携岩能力强,可以充分发挥水动力的作用,提高机械钻速。
　　(2) 绒囊钻井液本身具有良好的抑制性,适当添加抑制剂,可进一步提高钻井液抑制性,有效保证井壁的稳定性,防止因井壁坍塌掉块而导致井下工况复杂化。
　　(3) 应用绒囊钻井液,能有效降低滤失量。

3.2.4　聚合物钻井液

3.2.4.1　聚合物钻井液的性能指标

　　聚合物钻井液的所谓"不分散"具有两个含义:一是指组成钻井液的黏土颗粒直径尽

量维持在 1～30 μm;二是指混入这种钻井液体系的钻屑不容易分散变细。所谓"低固相",是指低密度固相(主要指黏土矿物类)的体积分数要在钻井工程允许的范围内维持到最低。

(1)固相含量(主要指低密度的黏土和钻屑,不包括重晶石)应维持在 4%(体积分数)或更小,大约相当于密度 1.06 g/cm³。

(2)钻屑与膨润土的比例不超过 2:1,膨润土含量一般维持在 1.3%～1.5% 比较合适。

(3)动切力(Pa)与塑性黏度(MPa·s)之比控制在 0.48 左右,这是为了满足低返速(如0.6 m/s)携砂的要求,保证钻井液在环形空间实现平板型层流。

(4)非加重钻井液的动切力应维持在 1.5～3 Pa。动切力是钻井液携带钻屑的关键参数,为保证良好的携带能力,首先必须满足动切力的要求,对加重钻井液应注意保证重晶石的悬浮。

(5)滤失量控制应视具体情况而定。在稳定井壁的前提下可适当放宽,以利于提高钻速;在易坍塌地层,应当从严。

(6)优化流变参数。

(7)在整个钻井过程中应尽量不用分散剂。

3.2.4.2　阴离子聚合物钻井液

(1)聚合物淡水钻井液

① 无固相聚合物钻井液

使用无固相聚合物钻井液(又称清水钻井液)可达到最高钻速,但必须注意解决三个问题:一是必须使用高效絮凝剂使钻屑始终保持不分散状态;二是要有一定的提黏措施,能按工程上的要求实现平板型层流并能顺利地携带岩屑;三是有一定的防塌措施,以保证井壁的稳定。生物聚合物和聚丙烯酰胺及其衍生物是配制无固相钻井液较理想的处理剂,要求其相对分子质量大于 100 万,最好超过 300 万,水解度应小于 40%。

现场配制与维护的要点如下:

a. 配制聚合物溶液。先用纯碱将水中的 Ca^{2+} 除去,以增加聚合物的溶解度,然后加入聚合物絮凝剂,一般加量为 6 kg/m³。

b. 处理清水钻井液。将配好的聚合物溶液喷入清水钻井液中,喷入位置可以在流管顶部或振动筛底部,喷入速度取决于井眼大小和钻速。

c. 促进絮凝。加适量石灰或 $CaCl_2$,通过储备池循环,避免搅拌,让钻屑尽量沉淀。

d. 适当清扫。在接单根或起、下钻时,用增黏剂与清水配数立方米黏稠的清扫液注入井内循环,以便把环空中堆积的岩屑清扫出来。只要保证上水池内的清水清洁,即可获得最大钻速。

② 不分散低固相聚合物钻井液

配制方法如下:

a. 配新浆前应彻底清除钻井液罐底的沉砂;

b. 用纯碱除去配浆水中的 Ca^{2+};

c. 用 17～23 kg/m³ 的优质膨润土或用相当的预水化膨润土浆,加 0.02 kg/m³ 的双功能聚合物,配制好基浆;

d. 必要时加入 0.3～5 kg/m³ 的纯碱,使膨润土充分水化;

e. 测定新配制的基浆性能,并调整到下述范围内:漏斗黏度 30～40 s,塑性黏度 4～7 MPa·s,动切力 4 Pa,静切力(1～2)/(1～3)Pa,API 滤失量 15～30 mL。

维护要点如下:

a. 为了维持钻井液体积和降低钻井液黏度以便于有效地分离固相,要有控制地往体系中加水;

b. 每 5 根立柱掏一次振动筛下面的沉砂池,经常掏洗钻井液罐以清除沉砂,掏洗的次数应根据钻速而定;

c. 维持 pH 值在 7～9 之间;

d. 钻进过程中要不断补充聚合物,以补充沉除钻屑所消耗的聚合物;

e. 为了保持低固相,在化学絮凝的同时,应连续使用除砂器、除泥器,适当使用离心分离机;

f. 如果要求提高黏度,可使用膨润土和双功能聚合物,并通过小型试验确定其加入量;

g. 为了降低动切力、静切力和滤失量,可使用聚丙烯酸钠,应通过小型试验确定其加入量,或按 0.3 kg/cm³ 的增量逐次加入聚丙烯酸钠,必要时加水稀释,直到性能达到要求;

h. 如果用不分散聚合物钻井液钻水泥塞时,在开钻前先用 1.4 kg/m³ 的碳酸氢钠进行预处理,如果钻遇石膏($CaSO_4$)层,应加入碳酸钠以沉除 Ca^{2+},但切记防止处理过头;

i. 如果钻遇高膨润土含量的地层,使用选择性絮凝剂比使用双功能聚合物的效果好;

j. 如果有少量盐水侵入,或者当钻遇岩盐层时,只要盐浓度不超过 10 000 mg/L,不分散聚合物钻井液可以继续使用,若超过 10 000 mg/L,为了维持所要求的钻井液性能,可加入预水化膨润土,在极端条件下应转化为盐水钻井液。

③ 普通聚合物钻井液

所谓普通聚合物钻井液是指不符合不分散、低固相钻井液标准的聚合物钻井液。为了尽量维持钻井液的不分散性,在缺少膨润土时可采用相对分子质量较高的 PHPA 和相对分子质量较低的 PHPA 混合处理的方法,利用它们的协同作用保持钻井液的低密度和低滤失量。

混合液的一般配制方法为:将相对分子质量较高的 PHPA(相对分子质量大于 100 万,水解度 30%左右)配成 1%的溶液,再将相对分子质量较低的 PHPA(相对分子质量 5 万～7 万,水解度 30%左右)配成 10%的溶液,按前者与后者的比例为 7∶3 将两种溶液混合即成。其中相对分子质量较高的 PHPA 主要起絮凝钻屑的作用,以维持低固相;而相对分子质量较低的 PHPA 主要是稳定质量较好的黏土颗粒,以提供钻井液必需的性能。

(2)聚合物盐水钻井液

不分散低固相聚合物盐水钻井液主要应用于在含盐膏的地层。这类钻井液最主要的问题是滤失量较大,通常采取如下措施控制其滤失量:

① 膨润土预水化。黏土在盐水中不易分散,因此钻井前将膨润土预先用淡水充分分散,同时加入足够的纯碱,以除去高价离子和使钙质土转化为钠土,然后加入聚合物处理剂(如水解聚丙烯腈、聚丙烯酸盐及 CMC 钠盐等),使钻井液性能保持稳定。

② 选用耐盐的配浆材料,如海泡石、凹凸棒石等。

③ 选用耐盐的降滤失剂。目前耐盐较好的降滤失剂有聚丙烯酸钙、磺化酚醛树脂、醋酸乙烯和丙烯酸酯的共聚物及 CMC 钠盐等。

④ 预处理水。所用化学剂的种类及用量都要根据水型及含盐量而定。一般含 Mg^{2+} 多的水用 NaOH 处理,含 Ca^{2+} 多的水用纯碱处理。

（3）不分散聚合物加重钻井液

在用重晶石加重的不分散聚合物钻井液中,聚合物的作用主要是絮凝和包被钻屑、增效膨润土、包被重晶石、减少离子间的摩擦。由于重晶石对聚合物的吸附,在处理加重钻井液时聚合物的加量应高于非加重钻井液,加入重晶石时一般也相应加入适量聚合物,加入量应通过试验来确定。

3.2.4.3　阳离子聚合物钻井液

（1）特点

① 阳离子聚合物钻井液是以高分子阳离子聚合物作为絮凝剂,以小分子阳离子聚合物作为黏土稳定剂的一种新型水基钻井液体系,具有良好的抑制钻屑分散和稳定井壁的能力。

② 在防止起钻遇卡、下钻遇阻及防止钻头泥包等方面具有较好效果。

③ 流变性能比较稳定,维护间隔时间较长。

④ 具有较好的抗高温,抗盐和抗钙、镁等高价金属阳离子污染的能力。

⑤ 具有较好的抗膨润土和钻屑污染的能力。

⑥ 与氯化钾-聚合物钻井液相比,它不会影响电测资料的解释。

（2）维护与处理

① 保持钻井液中大、小阳离子处理剂的足够浓度。为了有效地抑制页岩水化分散,防止地层坍塌,钻井液中应保持大、小阳离子处理剂的浓度不低于 0.2%,并随钻井过程中的消耗作相应补充。

② 正常钻进时的维护。为保证钻井液的均匀稳定,应预先配好一池处理剂溶液和预水化膨润土浆。当钻井液因地层造浆而影响性能时,可添加处理剂溶液,以补充钻井液中处理剂的消耗,同时又起到降低固相含量的作用。当地层并不造浆,钻井液中膨润土含量不足时,应补充预水化膨润土浆,以保证钻井液中有足够浓度的胶体粒子,改善泥饼质量和提高洗井能力。

③ 在大斜度定向井钻进时,应加入 0.3%～0.5% 的润滑剂以使钻井液具良好的润滑性。

④ 良好的固相控制是用好阳离子聚合物钻井液的必要条件,所以应充分重视固控设备的配备和使用。

3.2.4.4　两性离子聚合物钻井液

两性离子聚合物是指分子链中同时含有阴离子基团和阳离子基团的聚合物,与此同时它还有一定数量的非离子基团。以两性离子聚合物为主处理剂配制的钻井液称为两性离子聚合物钻井液。

（1）特点

① 用这种体系钻出的岩屑成形,棱角分明,内部是干的,易于清除,有利于充分发挥固控设备的效率。

② 抑制性强,剪切稀释特性好,并能防止地层造浆,抗岩屑污染能力较强,为实现不分散低固相创造了条件。

③ FA367 和 XY-27 与现有其他处理剂相容性好,可以配制成低、中、高不同密度的钻

井液,用于浅、中、深不同井段。在高密度盐水钻井液中应用具有独特的效果。

④ XY-27 加量少,降黏效果好,见效快,钻井液性能稳定的周期长,基本上解决了在造浆地层大冲大放的问题,可减轻劳动强度,节约钻井成本,提高经济效益。

缺点:一是钻屑容量限还不够大,当钻屑含量超过 20% 时,钻井液性能就显著变坏,因此对固控的要求仍然很高。二是抗盐能力有限,若矿化度超过 100 000 mg/L,钻井液性能就开始恶化。虽然现场已有用于饱和盐水钻井液的实例,但从性能和成本上考虑,并不十分理想。

(2) 使用和维护方面应注意的原则

① FA367 的浓度应达到 0.3% 以上,以防止井塌。

② 滤失量控制在 8 mL 以下。

③ pH 值控制在 8~8.5 范围内。当 pH 值大于 9 时,XY-27 的降黏效果会明显下降。

④ 以性能正常为原则来调节 FA367 和 XY-27 的比例。加重钻井液可以不加 FA367。

⑤ 应以维护为主,处理为辅,坚持用胶液等浓度维护,切忌大处理。

⑥ 非加重的钻井液的胶液比例为:H_2O:FA367:XY-27=100:1:0.5。遇强造浆地层 XY-27 的量应加倍。

⑦ 加重钻井液的胶液比例为:H_2O:XY-27:SK-Ⅱ(或 PAC141)=100:2.5:2.5。密度大于 2.0 g/cm³ 时,处理剂用量应加倍。

⑧ 最大限度地用好固控设备。

3.2.4.5 聚合物-铵盐钻井液

(1) 主要组分

水解聚丙烯酰胺(PHP)、水解聚丙烯腈铵盐(NH_4-HPAN)、有机硅腐植酸钾(OSMA-K)、无荧光防塌剂(MHP)或磺化酚醛树脂(SMP)及超细碳酸钙(QS-2)。

(2) 体系特点

① 工艺简单,性能易于控制,不但适用于淡水,也适用于咸水。

② 具有良好的流变特性和携带、悬浮岩屑的能力,且对泥页岩的水化膨胀抑制能力强。

③ 井径规整,机械钻速高,成本低,对环境无污染。

(3) 体系的作用机理

① PHP 作絮凝包被剂控制地层造浆。

② NH_4-HPAN 通过酰胺基吸附在黏土颗粒表面,而其羧钠基-COONa 使黏土表面形成吸附水化膜,提高了黏土颗粒的聚集稳定性,吸附的溶剂化、水化膜的高弹性和高黏性具有堵孔作用,使滤饼更加致密,达到降低滤失量的目的。同时,羧钠基的水化基团可拆散黏土网架结构,降低钻井液的黏度与切力。

③ OSMA-K 能使黏土表面一层含有羟基的甲基硅化合物缩聚成大分子,阻止水分子进入黏土层间;同样,有机硅的阻水包被作用也可阻止黏土水化分散。腐植酸提供涂覆物质致密的滤饼,以堵塞微裂缝。

④ OSMA-K 中的 K^+ 与 NH_4-HPAN 中的 NH_4^+ 可嵌入黏土的六角环空穴中,增强其连接力,使水分子不易进入晶层间,抑制黏土的水化分散膨胀。

⑤ QS-2 适当匹配可改善滤饼的质量,并能形成液体套管堵塞孔隙,阻止水分子渗入地层。

(4) 体系的维护处理

① 大循环快速钻进时,把 PHP 配成胶液,按干粉 0.1% 的加量逐渐加入大循环内,控制上部地层造浆。

② 转化处理:小循环后第一次处理要彻底,铵盐加量在 0.6%～1.0%,pH 值控制在 8 左右。基浆处理好后,加入 QS-2,使之在钻井液中的含量不低于 3%,以形成液体套管,堵塞较高渗透率地层的孔隙,改善滤饼质量,降低滤失量。

③ 日常维护处理:正常钻进时按细水长流的原则,防止性能大幅度变化。PHP 加量按每 100 m 加 35～50 kg;如用大阳离子聚合物,则每 100 m 加量为 30～40 kg(干粉)。用铵盐降黏、降切,控制流变性能。

3.2.4.6 页岩抑制剂

(1) 磺化沥青(Asphalt-S)

磺化沥青为黑褐色粉末,可用作水基钻井液的页岩稳定剂,钻井液中加入 Asphalt-S 以后可有很强的抑制页岩水化膨胀的性能,并可形成薄而坚韧的泥饼,从而使井壁稳定,起、下钻通畅。商业产品有两种,即钠磺化沥青和钾磺化沥青,后者有更强的页岩抑制效应。Asphalt-S 还可以使钻井液具有更好的润滑性,较低的 API 和 HTHP 滤失量。通常其加量范围为 1.5%～3.0%。

(2) 氧化沥青(Asphalt-O)

氧化沥青为黑褐色粉末,其用途是封堵泥页岩地层中的缝隙,形成坚韧的泥饼,以保持井壁稳定性,同时还可提高钻井液和泥饼的润滑性。通常其加量范围为 3.0%～5.0%。

(3) 硅稳定剂(Si-Inh)

硅稳定剂为水溶性淡褐色黏稠液体,在水基钻井液中作页岩稳定剂。加入后还可使钻井液具有突出的润滑性和井壁稳定性。通常其加量为 3.0%～5.0%。

(4) KPAM

它是一种增稠剂、包被剂,同时还是一种页岩稳定剂。

(5) CSW-1

CSW-1 是一种低分子量阳离子聚合物降黏剂,能有效地降低黏度,特别是在阳离子聚合物钻井液体系中;同时它还具有页岩抑制效能。通常其加量为 0.3%～0.8%。

(6) 腐植酸钾 KHm

它是腐植酸与烧碱反应生成的腐植酸钾的提取物。商业产品为黑褐色自由流动粉末。它在水基钻井液中作降滤失剂;同时还有降黏效应。通常应用于井底温度不超过 120 ℃ 的较浅地层。其加量范围为 0.5%～1.5%。

(7) 泥页岩抑制剂(俗称小阳离子)

泥页岩抑制剂(也称黏土稳定剂)是环氧丙基三甲基氯化铵,国内商品名为 NW-1,俗称小阳离子,有液体和干粉两个剂型,相对分子质量为 152。

3.2.5 喷射钻井

3.2.5.1 喷射钻井水力参数计算方法

SY/T 5234—2016 规定了喷射钻井水力参数计算方法,各参数的表示符号和单位见表 3-7。

表 3-7　部分钻井水力参数的符号、名称和单位

序号	符号	名称	单位
1	A_b	井底面积	mm^2
2	A_j	喷嘴总面积	mm^2
3	D	钻柱外径	mm
4	D_b	钻头直径	mm
5	D_h	井径	mm
6	D_p	钻杆外径	mm
7	D_{rc}	岩屑直径	mm
8	d	钻柱内径	mm
9	F_J	射流冲击力	N
10	f_c	环空净化系数	
11	H	井深	m
12	H_c	临界井深	m
13	K	钻井液稠度系数	$Pa \cdot s^n$
14	k_a	环空压耗系数	
15	k_b	钻头压降系数	
16	k_c	钻铤压耗系数	
17	k_{ci}	钻铤内压耗系数	
18	k_i	管内压耗系数	
19	k_p	钻杆压耗系数	
20	k_{pi}	钻杆内压耗系数	
21	k_{tp}	地面管汇压耗系数	
22	L	钻柱长度	m
23	L_e	钻铤长度	m
24	L_p	钻杆长度	m
25	N_b	钻头水功率	kW
26	N_s	钻井泵实际水功率	kW
27	N_r	钻井泵额定水功率	kW
28	n	钻井液流性指数	
29	p_a	环空压耗	MPa
30	p_b	钻头压降	MPa
31	p_c	钻铤压耗	MPa
32	p_i	钻柱内压耗	MPa
33	p_p	钻杆压耗	MPa
34	p_{pc}	钻井循环压耗	MPa
35	p_r	钻井泵额定泵压	MPa
36	p_s	钻井泵工作压力	MPa

表 3-7（续）

序号	符号	名称	单位
37	p_{sp}	地面管汇压耗	MPa
38	Q	排量	L/s
39	Q_{opt}	最优排量	L/s
40	Q_r	额定排量	L/s
41	Re	环空雷诺数	
42	N_u	钻头单位面积水功率	W/mm²
43	v_a	环空返速	m/s
44	v_c	临界返速	m/s
45	v_j	射流喷速	m/s
46	v_{si}	岩屑滑落速度	m/s
47	μ_p	塑性黏度	MPa·s
48	μ_f	钻井液黏度	MPa·s
49	ρ_m	钻井液密度	g/cm³
50	ρ_{rc}	岩屑密度	g/cm³
51	τ_y	屈服值	Pa
52	η	钻井泵水功率利用率	
53	θ_{600}	旋转黏度计 600 r/min 读数	
54	θ_{300}	旋转黏度计 300 r/min 读数	
55	θ_{200}	旋转黏度计 200 r/min 读数	
56	θ_{100}	旋转黏度计 100 r/min 读数	

喷射钻井水力参数计算公式：

（1）塑性黏度

$$\mu_p = \theta_{600} - \theta_{300} \tag{3-1}$$

（2）屈服值

$$\tau_y = 0.479(2\theta_{300} - \theta_{600}) \tag{3-2}$$

（3）流性指数

$$n = 3.32\log\frac{\theta_{600}}{\theta_{300}} \tag{3-3}$$

（4）稠度系数

$$K = \frac{0.479\theta_{300}}{511^n} \tag{3-4}$$

（5）环空返速

$$v_a = \frac{1\,273Q}{D_h^2 - D_p^2} \tag{3-5}$$

（6）判断环空流态

① 宾汉流体

$$v_c = \frac{30.864\mu_p + [(30.864\mu_p)^2 \times 123.5\tau_y\rho_m(D_h - D_p)^2]^{0.5}}{24\rho_m(D_h - D_p)} \tag{3-6}$$

$$Re = \frac{9\,800(D_h - D_p)v_a^2\rho_m}{\tau_y(D_h - D_p) + 12v_a\mu_p} \tag{3-7}$$

$v_a \geqslant v_c$ 或 $Re \geqslant 2\,100$ 紊流

$v_a < v_c$ 或 $Re < 2\,100$ 层流

② 冥律流体

$$v_c = 0.005\,08\left[\frac{2.04 \times 10^4 n^{0.387}K}{\rho_m}\left(\frac{25.4}{D_h - D_p}\right)^n\right]^{1/(2-n)} \tag{3-8}$$

$$Z = 808\left(\frac{v_a}{v_c}\right)^{2-n} \tag{3-9}$$

$v_a \geqslant v_c$ 或 $Z \geqslant 808$ 紊流

$v_a < v_c$ 或 $Z < 808$ 层流

(7) 岩屑滑落速度

$$v_{si} = \frac{0.071D_{rc}(\rho_{rc} - \rho_m)^{0.667}}{(\rho_m\mu_f)^{0.333}} \tag{3-10}$$

① 宾汉流体

$$v_f = v_p + 0.112\left[\frac{\tau_y(D_h - D_p)}{v_a}\right] \tag{3-11}$$

② 幂律流体

$$\mu_f = 1\,075n^{0.119}K\left(\frac{2\,000v_a}{D_h - D_p}\right)^{n-1} \tag{3-12}$$

(8) 环空净化系数

$$f_c = 1 - \frac{v_{si}}{v_a} \tag{3-13}$$

(9) 地面管汇压耗
①宾汉流体

$$k_{sp} = 3.767 \times 10^{-4}\rho_m^{0.8}\mu_p^{0.2} \tag{3-14}$$

$$p_{sp} = k_{sp}Q^{1.8} \tag{3-15}$$

② 幂律流体

$$k_{sp} = 8.09 \times 10^{-4}(\log n + 2.5)\rho_m\left\{\frac{4.088 \times 10^{-3}K}{\rho_m} \cdot \left[\frac{4.093(3n+1)}{n}\right]^n\right\}^{(1.4-\log n)/7} \tag{3-16}$$

$$p_{sp} = k_{sp}Q^{[14+(n-2)(1.4-\log n)]/7} \tag{3-17}$$

(10) 管内压耗
① 宾汉流体

$$k_f = 7\,628\rho_m^{0.8}\mu_p^{0.2}\frac{1}{d^{4.8}} \tag{3-18}$$

$$p_i = k_iLQ^{1.8} \tag{3-19}$$

② 幂律流体

$$k_i = \frac{64\,846(\log n + 2.5)\rho_m}{d^5} \{ \frac{7.71 \times 10^{-11} d_i K}{\rho_m} \cdot$$

$$[\frac{2.546 \times 10^6 (3n+1)}{nd^3}]^n \}^{(1.4-\log n)/7} \tag{3-20}$$

$$p_{sp} = k_{sp} L Q^{[(14+(n-2)(1.4-\log n)]/7} \tag{3-21}$$

(11) 环空压耗

① 宾汉流体

a. 层流

$$p_a = \frac{61.1 \mu_p QL}{(D_n - D)^3 (D_h + D)} + \frac{0.004 \tau_y L}{D_h - D} \tag{3-22}$$

b. 紊流

$$k_a = \frac{7628 \rho_m^{0.8} \mu_p^{0.2}}{(D_h - D)^3 (D_h + D)^{1.8}} \tag{3-23}$$

$$p_a = k_a L Q^{1.8} \tag{3-24}$$

② 幂律流体

a. 层流

$$p_a = \frac{0.004 KL}{D_h - D} [\frac{5.09 \times 10^6 Q(2n-1)}{n(D_h + D)(D_h - D)^2}]^n \tag{3-25}$$

b. 紊流

$$k_a = \frac{79\,419(\log n + 2.5)\rho_m L}{(D_h + D)^2 (D_h - D)^3} \cdot \{ \frac{6.296\,7 \times 10^{-11} K(D_h + D)^2 (D_h - D)^2}{\rho_m} \cdot$$

$$\frac{5.09 \times 10^6 (2n-1)}{n(D_h + D)(D_h - D)^2} \}^{(1.4-\log n)/7} \tag{3-26}$$

$$p_a = k_a L Q^{[14+(n-2)(1.4-\log n)]/7} \tag{3-27}$$

(12) 循环压耗

$$k_p = k_{pi} + k_{pa} \tag{3-28}$$

$$k_c = k_{ci} + k_{ca} \tag{3-29}$$

$$p_p = p_{pi} + p_{pa} \tag{3-30}$$

$$p_c = p_{ci} + p_{ca} \tag{3-31}$$

$$p_{pc} = p_{sp} + p_p + p_c \tag{3-32}$$

(13) 钻头压降

$$k_b = \frac{554.4 \rho_m}{A_J^{-2}} \tag{3-33}$$

$$p_b = k_b Q^2 \tag{3-34}$$

(14) 钻井泵工作压力

$$p_s = p_{pc} + p_b \tag{3-35}$$

(15) 射流喷速

$$v_J = \frac{1\,000 Q}{A_J} \tag{3-36}$$

(16) 射流冲击力

$$F_J = \rho_m v_J Q \qquad (3-37)$$

（17）钻头水功率

$$N_b = p_b Q \qquad (3-38)$$

（18）钻井泵实际水功率

$$N_s = p_s Q \qquad (3-39)$$

（19）钻头单位面积水功率

$$N_u = \frac{1\ 000 N_b}{A_b} \qquad (3-40)$$

（20）钻井泵水功率利用率

$$\eta = \frac{N_b}{N_s} \qquad (3-41)$$

（21）设计喷嘴总面积

$$A_J = \left(\frac{554.4 p_m Q^2}{p_s - p_{pc}}\right)^{0.5} \qquad (3-42)$$

（22）临界井深

① 宾汉流体

a. 最大钻头水功率工作方式

$$H_c = \frac{0.357 p_r - k_{sp} Q^{1.8} - k_c L_c Q^{1.8}}{K_p Q^{1.8}} + L_c \qquad (3-43)$$

b. 最大冲击力工作方式

$$H_c = \frac{0.526 p_r - k_{sp} Q^{1.8} - k_c L_c Q^{1.8}}{K_p Q^{1.8}} + L_c \qquad (3-44)$$

② 幂律流体

a. 最大钻头水功率工作方式

$$H_c = \frac{\dfrac{7 p_r}{21 + (n-2)(1.4 - \log n)} - (k_{sp} + k_c L_c) Q^{[14 + (n-2)(1.4 - \log n)]/7}}{K_p Q^{[14 + (n-2)(1.4 - \log n)]/7}} + L_c \qquad (3-45)$$

b. 最大冲击力工作方式

$$H_c = \frac{\dfrac{14 p_r}{28 + (n-2)(1.4 - \log n)} - (k_{sp} + k_c L_c) Q^{[14 + (n-2)(1.4 - \log n)]/7}}{K_p Q^{[14 + (n-2)(1.4 - \log n)]/7}} + L_c \qquad (3-46)$$

（23）最优排量

① 宾汉流体

a. 最大钻头水功率工作方式

$$Q_{opt} = \left(\frac{0.357 p_r}{K_{sp} + k_p L_p + k_c L_c}\right)^{1/1.8} \qquad (3-47)$$

b. 最大冲击力工作方式

$$Q_{opt} = \left(\frac{0.562 p_r}{K_{sp} + k_p L_p + k_c L_c}\right)^{1/1.8} \qquad (3-48)$$

② 幂律流体

a. 最大钻头水功率工作方式

$$Q_{opt} = \left[\cfrac{7p_r}{\cfrac{21+(n-2)(1.4-\log n)}{K_{sp}+k_pL_p+k_cL_c}}\right]^{7/[14+(n-2)(1.4-\log n)]} \tag{3-49}$$

b. 最大冲击力工作方式

$$Q_{opt} = \left[\cfrac{7p_r}{\cfrac{28+(n-2)(1.4-\log n)}{K_{sp}+k_pL_p+k_cL_c}}\right]^{7/[14+(n-2)(1.4-\log n)]} \tag{3-50}$$

(24) 公式使用说明

① 用途

用于喷射钻井水力参数设计和喷射钻井水力参数分析。

② 注意事项

a. 计算钻杆内压耗时,若钻杆接头内径与钻杆本体内径相等或比值大于85%,则可直接运用公式;若接头内径与本体内径比值在85%~70%之间,则将接头长度累加在一起,作为一段管柱单独计算压耗,再与钻杆本体压耗合并作为钻杆压耗。

b. 在计算临界井深和最优排量时,无论环空是层流或紊流状态,都必须用环空紊流压耗系数代入公式。

c. 给出的宾汉和幂律两种流体计算公式应根据钻井液类型选用。

③ 计算步骤

a. 常规水力参数设计,见表3-8。

(a) 目的:设计排量和喷嘴尺寸,使其充分发挥,合理分配泵功率。

(b) 根据地层剖面和钻头进尺把全井分成若干井段,即确定设计井深。

(c) 根据地面设备和井下情况选择适当泵型。缸套尺寸选择后,即对应有额定泵压 p_r、额定排量 Q_r。

(d) 选择某一种最优工作方式。

(e) 有相应的适合喷射钻井的钻井液设计。

(f) 确定钻井液流动模式,计算钻井液流变参数。

(g) 用初选缸套的额定泵压和额定排量计算临界井深 H_c,然后与钻头的起钻井深 H 比较。若 $H \leqslant H_c$,则 $Q_{opt}=Q_r$,按 Q_r、p_r 设计喷嘴尺寸;若 $H > H_c$,则计算 Q_{opt} 后,按 Q_{opt}、p_r 设计喷嘴尺寸(若 Q_r 大于环空冲蚀排量,则按小于冲蚀排量设计喷嘴)。

注意:尽量选择组合喷嘴和双喷嘴。

(h) 用 Q_{opt} 计算环空净化系数 f_c。若 $f_c \geqslant 0.5$ 则满足携岩要求;否则重复步骤(c)和(g),再次检验,直至满足携岩要求。

计算其他水力参数。

b. 水力参数分析,见表3-9。

用途:根据实测数据,进行随钻水力参数分析或完钻资料处理。

根据实测旋转黏度计读数确定钻井液流动模式,计算钻井液流变参数。

根据实际泵压、喷嘴等参数,用迭代法求排量。

计算各水力参数。

注：以上水力参数的计算，应在计算机上由喷射钻井水力参数设计和分析程序完成。

3.2.5.2 喷射钻井水力参数计算实例

（1）常规水力参数设计

① 一般数据（表3-8）

表 3-8 一般数据

钻头直径	$D_b = 216$ mm
设计井段	2 810～3 300 m
244.5 mm 套管下深	2 850 m
244.5 mm 套管平均内径	$D_h = 217$ mm
钻杆外径	$D_p = 127$ mm
钻杆内径	$d_i = 108.6$ mm
钻杆接头内径	95.25 mm
钻铤外径	$D_c = 177.8$ mm
钻铤内径	$d_c = 71.4$ mm
钻铤长度	$L_c = 108$ mm
岩屑直径	$D_{rc} = 5$ mm
岩屑密度	$\rho_{rc} = 2.5$ g/cm³
钻井液密度	$\rho_m = 1.20～1.25$ g/cm³
旋转黏度计读数 θ_{600}	40.00～45.01
旋转黏度计读数 θ_{300}	25.01～28.12
旋转黏度计读数 θ_{200}	20.00～22.51
旋转黏度计读数 θ_{100}	15.01～16.87

② 选泵型、定排量及钻头进尺分段（表3-9）

表 3-9 选泵型、定排量及钻头进尺

泵额定功率	$N_r = 956$ kW
缸套尺寸	170 mm
额定泵压	$p_r = 20.6$ MPa
泵排量范围	28.0～33.1 L/s
第一只钻头钻进井段	2 810～3 100 m
第二只钻头钻进井段	3 100～3 300 m
最优工作方式	最大钻头水功率
额定排量	$Q_r = 38.187\ 4$ L/s

③ 第一只钻头水力参数设计

a. 确定流型和计算钻井液流变参数

（a）确定流型

取钻井液密度和旋转黏度计读数范围的上限。对4种剪切速率下的切应力一元回归。

宾汉模式相关系数：1.000；

幂律模式相关系数：0.992。

选用宾汉流体模式。

（b）计算钻井液流变参数（表3-10）

表3-10 钻井液流变参数计算

参数	所用公式	结果
μ_p	（3-1）	14.99 MPa·s
τ_y	（3-2）	4.8 Pa

b. 计算临界井深，确定最优排量（表3-11）

表3-11 临界井深、最优排量相关参数计算

参数	所用公式	结果
k_{sp}	（3-14）	7.49×10^{-4}
k_{pi}	（3-18）	2.564×10^{-6}
k_{ci}	（3-18）	1.919×10^{-7}
k_{pa}	（3-23）	5.65×10^{-7}
k_{ca}	（3-23）	5.34×10^{-6}
k_p	（3-28）	2.453×10^{-5}
k_c	（3-29）	2.130×10^{-5}
H_c	（3-43）	3 337 m

由表3-8及表3-11可知，$H<H_e$、$Q_{opt}=Q_r$，按额定排量钻进。

c. 计算环空净化系数（表3-12）

表3-12 环空净化系数计算

参数	所用公式	结果
v_a	（3-5）	1.36 m/s
Re	（3-7）	2 898
v_{sl}	（3-10）、（3-11）	0.15 m/s
f_c	（3-13）	0.89

由表3-12可知，$f_c>0.5$，排量可满足净化要求；$Re>2\,100$，为紊流。

d. 设计喷嘴

由式（3-42）求得喷嘴总面积为230.86 mm²。根据组合喷嘴一大两小，小大喷嘴直径比小于0.6的原则，装两个直径为7 mm、一个直径为14 mm的喷嘴，其面积为230.91 mm²。

也可装两个不等径或等径喷嘴。例如,一个直径为 10 mm,一个直径为 14 mm,其面积为 232.48 mm²。

e. 计算井深 3 100 m 处的其他参数(表 3-13)

表 3-13　井深 3 100 m 处的其他参数

参数	所用公式	结果
p_{pc}	(3-14)、(3-15)、(3-18)、(3-19)、(3-23)、(3-24)、	6.94 MPa
p_b	(3-28)、(3-29)、(3-30)、(3-31)、(3-32)、(3-33)、(3-34)	13.67 MPa
p_s	(3-35)	20.6 MPa
v_J	(3-36)	143 m/s
F_J	(3-37)	5 694 N
N_b	(3-38)	452 kW
N_s	(3-39)	682 kW
N_u	(3-40)	12.35 W/mm²
η	(3-41)	0.66

由表 3-9 及表 3-13 可知,$N_s/N_r=0.71$,在泵要求的范围内。泵实际功率应为泵额定功率的 75% 以下,并持久工作。

④ 第二只钻头水力参数设计

a. 确定流型和计算钻井液流变参数

(a)确定流型

取钻井液密度和旋转黏度计读数的下限。

对 4 种剪切速率下的切应力进行一元回归。

宾汉流体模式相关系数:1.000;

幂律流体模式相关系数:0.992。

选用宾汉流体模式。

(b)计算钻井液流变参数(表 3-14)

表 3-14　钻井液流变参数计算

参数	所用公式	结果
μ_p	(3-1)	16.89 MPa·s
τ_y	(3-2)	5.38 Pa

b. 计算临界井深,确定最优排量(表 3-15)

表 3-15　临界井深和最优排量计算

参数	所用公式	结果
H_c	同表 3-11 中所用公式	3 103 m
Q_{opt}	(3-47)	31.1 L/s

$H>H_c$ 时按最优排量钻进。

c. 计算环空净化系数（表 3-16）

表 3-16　环空净化系数计算

参数	所用公式	结果
v_a	同表 3-12 中所用公式	1.33 m/s
Re	同表 3-12 中所用公式	2 575
v_{sl}	同表 3-12 中所用公式	1.139 m/s
f_c	同表 3-12 中所用公式	0.90

由表 3-16 可知，$f_c>0.5$，排量可满足净化要求；$Re>2$ 100，为紊流。

d. 设计喷嘴

由公式(3-42)求得喷嘴面积为 233.28 mm²。装两个直径为 7 mm、一个直径为 14.25 mm 的喷嘴，其面积为 236.45 mm²，或装双喷嘴。例如，装直径 9.73 mm 和直径 15 mm 的双喷嘴，其面积为 236.57 mm²。

本只钻头在井深 3 103 m 前，$Q=Q_r$；井深 3 103 m 后，在泵压保持 p_r 条件下，逐渐减少排量，直至井深 3 300 m，排量为 31.1 L/s。

⑤ 计算井深 3 300 m 处的其他参数，公式同表 3-13。

$p_{pc}=7.36$ MPa；$N_b=416$ kW；

$p_b=12.89$ MPa；$N_s=653$ kW；

$p_s=20.25$ MPa；$N_u=11.35$ W/mm²；

$v_J=136$ m/s；$\eta=0.64$；

$F_J=5$ 498 N。

3.2.5.3　水力参数分析

(1) 已知条件

钻头直径：$D_b=216$ mm；

井　　深：$H=2$ 900 mm；

工作泵压：$p_s=20.6$ MPa；

平均井径：$D_h=220$ mm；

钻杆外径：$D_p=127$ mm；

钻杆内径：$d_J=108.6$ mm；

钻杆接头内径：95.25 mm；

钻铤外径：$D_c=177.8$ mm；

钻铤内径：$d_c=71.4$ mm；

钻铤长度：$L_c=108$ m；

岩屑直径：$D_{rc}=5$ mm；

岩屑密度：$\rho_{rc}=2.85$ g/cm³；

钻井液密度：$\rho_m=1.20$ g/cm³；

喷嘴直径：直径 7 mm 的两个、直径 13 mm 的一个；

旋转黏度计读数：$\theta_{600}=45.93$；$\theta_{300}=27.14$；$\theta_{200}=20.88$；$\theta_{100}=16.70$。

（2）确定流型和计算钻井液流变参数

① 确定流型

宾汉流体模式相关系数：0.998；

幂律流体模式相关系数：0.979。

选用宾汉流体模式。

② 计算钻井液流变参数［用公式(3-1)、(3-2)］

$\mu_p=18.79$ MPa·s；

$\tau_y=4$ Pa。

（3）用迭代法求排量

$Q=30.9$ L/s。

（4）计算各参数（所用公式同表 3-11、表 3-12、表 3-13）

$p_{pc}=6.15$ MPa；$\eta=0.70$；

$p_b=14.45$ MPa；$N_u=12.19$ W/mm²；

$p_s=20.6$ MPa；$v_a=1.219$ m/s；

$v_J=147$ m/s；$Re=2513$；

$F_J=5467$ N；$v_s=0.142$ m/s；

$N_b=446$ kW；$f_c=0.88$；

$N_s=637$ kW。

3.3 止水固井

3.3.1 膨胀橡胶止水止砂

生命通道、救生通道仅供救生用，无须固井，但必须保证良好的止水、止砂效果，为此，可以使用膨胀橡胶隔水密封带。膨胀橡胶隔水密封带的特点是：以橡胶为主载体，加入新型高分子膨胀材料混炼加工而成。吸水后体积膨胀倍率为 1 600%（体积膨胀 16 倍）。

抢险救援中时间最宝贵，赢得时间，就赢得了生命。在平邑石膏矿抢险救援中，山东省矿山钻探应急救援中心在止水工艺上大胆创新，二开套管下入后，没有采用常规的注水泥固井方式止水，而是尝试采用了套管底部缠绕膨胀橡胶结合孔内投入黏土球的止水工艺。不仅省去了水泥止水的候凝时间，而且节约了成本。下套管结束后，马上下钻洗井，然后三开钻进透巷。此法取得了异常好的效果：止水做到了滴水不漏，从可视生命探测仪传上来的画面中可以充分地验证。

效果对比：救援现场的其他单位仍然采用水泥浆固井止水，候凝时间最少也需要 16 h。有的钻孔还因为止水效果不好，采取补救措施，浪费了更多的救援时间。

3.3.2 固井计算

为了保证固井质量，使水泥浆返到预定高度，使套管内水泥塞长度符合设计要求，必须根据井眼大小、套管直径和下入深度，以及水泥浆返高等，在注水泥前计算出水泥浆、干水泥、替泥浆和清水等的用量,以及相应的最高泵压等。

3.3.2.1 水泥浆用量

水泥浆用量应为环空水泥浆量和水泥塞的水泥浆量之和,按下式计算

$$V = \frac{\pi}{4}K_1(D_j^2 - D^2)H + \frac{\pi}{4}d^2h$$

式中 V——水泥浆量,m³;

　　　D_j——井眼平均直径,m;

　　　D——套管外径,m;

　　　d——套管内径,m;

　　　H——水泥浆返高,m;

　　　h——水泥塞高度,m;

　　　K_1——裸眼井段的水泥浆附加系数,按各地实际情况由经验得出,一般取 $1.05\sim1.10$。

实际井径是不规则的,计算时必须用电测井径法分段求井径,分段计算出环空体积,再累计,得出全井环空体积。段分得细一些,误差则小一些。

3.3.2.2 干水泥量

a. 计算方法

$$W = K_2 Vq$$

式中 W——干水泥重量,t;

　　　V——水泥浆总体积,m³;

　　　K_2——地面损耗系数,取 $1.03\sim1.05$;

　　　q——配单位体积水泥浆需干水泥量,t/m³。

水泥浆密度

$$水泥浆密度 = \frac{水泥质量 + 水的质量}{水泥体积 + 水的体积} = \frac{水泥和水的总质量}{水泥浆体积}$$

b. 1 m³ 水泥浆需用干水泥量

$$Q = \frac{\rho_c(\rho_s - \rho_w)}{\rho_c - \rho_w}$$

式中 Q——需用水泥质量,t;

　　　ρ_c——水泥密度,kg/cm³;

　　　ρ_s——水泥浆密度,kg/cm³;

　　　ρ_w——水的密度,kg/cm³。

c. 已知水灰比 m,求 1 m³ 水泥浆需用干水泥量 Q

$$Q = \frac{\rho_c}{1 + m\rho_c}$$

水泥浆用水量

$$V = \frac{mW}{\rho_w}$$

已知水灰比,计算 1 m³ 水泥浆用水量

$$V_w = \frac{m\rho_c}{1 + m\rho_c}$$

式中 V_w ——1 m³ 水泥浆用水量，m³。

3.3.2.3 替完井液量

当胶塞顶至浮箍位置时，替完井液即结束。因此，所需完井液量即为浮箍以上不同壁厚套管的内容积之和。

$$V_m = K_3 \frac{\pi}{4}(L_1 d_1^2 + L_2 d_2^2 + \cdots + L_n d_n^2)$$

式中 V_m ——替完井液量，m³；

d_1、d_2、d_3、$\cdots$、d_n ——水泥塞以上各段不同壁厚套管的内径，m；

L_1、L_2、$\cdots$、L_n ——水泥塞以上各段不同壁厚套管的长度，m；

K_3 ——完井液压缩系数，为 1.03～1.05。

进行尾管固井替完井液量计算时，钻杆、水龙带内容积可查有关钻井手册，尾管替完井液量不考虑压缩系数值。

3.3.2.4 施工最高泵压

注水泥过程中，由于水泥浆密度一般比完井液的大，因此泵压的变化，正常情况下总是由大到小，再由小到大。替完井液结束时，泵压达到最高。最高泵压是由管内外液柱压力差，水泥浆和完井液在管内、外流动时的阻力及碰压突增的压力所组成，即

$$p_{max} = p_1 + p_2$$

式中 p_{max} ——最高泵压，MPa；

p_1 ——管内外液柱压差，MPa；

p_2 ——管内外流动阻力，MPa。

$$p_1 = 9.8 \times 10^{-6}(H-h)(\rho_s - \rho_m)$$

式中 H ——管外水泥浆柱高度，m；

h ——水泥塞长度，m；

ρ_s ——水泥浆密度，kg/m³；

ρ_m ——完井液密度，kg/m³。

p_2 可用下列经验公式计算。

当井深小于 1 000 m 时：

$$p_2 = 0.098 \times (0.01L) + 0.8$$

当井深 5 000 m$>L>$1 000 m 时：

$$p_2 = 0.098 \times (0.01L) + 1.6$$

当井深大于 5 000 m 时：

$$p_2 = 0.098 \times (0.01L) + 2$$

式中 L ——井深，m。

3.3.2.5 注水泥施工时间

注水泥施工时间包括：水泥车配注全部水泥浆、替完井液和开挡销、顶胶塞所需时间。为了保证顺利施工，注水泥的总时间必须等于水泥稠化时间减 1 h 或必须小于水泥浆初凝时间的 75%。

注水泥施工的时间为

$$T = T_1 + T_2 + T_3$$

式中　T_1——配注水泥浆所需时间,min;

T_2——倒换闸门、开挡销、顶胶塞时间,一般为 $1\sim2$ min;

T_3——替完井液时间,min。

$$T_1 = \frac{V}{Q_1 n}$$

$$T_3 = \frac{V_m}{Q_1 n}$$

式中　V——注水泥浆总量,m³;

Q_1——单车每分钟注替水泥浆、完井液排量,m³/min;

n——注水泥车数;

V_m——替完井液量,m³。

3.3.3　大口径套管内插法注水泥

救援钻孔往往井径比较大,固井时套管内容积大,水泥浆在套管内易发生串槽以及替钻井液时量大、时间长,对固井施工和固井质量极为不利,因此宜采用内插法注水泥技术。使用插入式固井装置,通过在套管内下入钻具进行固井作业,保证固井质量,同时为下部深井段施工提供可靠的质量和安全保障。

3.3.3.1　内插法注水泥器的结构特点

内插法注水泥装置主要由中心插入管和插入式浮箍两部分组成(图 3-5)。插入式浮箍包括壳体、插入座和回压凡尔装置。壳体由比套管钢级高的钢材加工而成,上下两端可以直接连接套管;插入座由易钻的铝材加工而成,既可以充当回压凡尔的阻流板,又具有可钻性;回压凡尔装置中的球体采用尼龙加工而成,在下套管过程中可以防止钻井液进入套管内,依靠浮力减轻大钩负荷同时排挤钻井液上返,迫使环空钻井液保持流动状态,以保证井眼畅通无阻。壳体和插入座之间由粗螺纹连接装配在一起,插入座和回压凡尔用铝制十字形罩子将尼龙球固定在插入座的下边,中心插入管包括插入接头和密封圈,插入接头由铝制材料加工而成,上端可以直接与钻具连接,密封圈由橡胶加工而成,对插入座和插入接头起密封作用,防止固井时水泥浆和钻井液进入套管。实践证明,内插法固井装置结构简单、操作方便、安全可靠。

3.3.3.2　内插法注水泥器的工作原理

将中心插入管的插入接头插入到插入式浮箍的插入孔内后,就把原套管内较大的空间分割成钻具水眼内空间和钻具外与套管内之间的环形空间两个部分,如图 3-6 所示。在固井过程中,水泥浆与钻井液只能从钻具水眼内通过,并经回压凡尔装置进入套管外环形空间。钻具水眼内空间的容积与原套管内空间的容积相比,分别为 ϕ508 mm 套管内空间的 9.4% 和 ϕ339.7 mm 套管内空间的 11.36%,回压凡尔的工作原理与普通回压凡尔的工作原理相同。

3.3.3.3　插入法固井的有关计算

(1) 套管串浮力计算

大直径套管固井一般是表层套管,要求水泥浆返至地面,固井施工后管外环空全部是水泥浆。为了保证套管不被浮起,套管串所受的浮力 F_f 必须小于套管串的重量 G_t。

套管串所受的浮力 F_f:

$$F_f = S_w H \rho_s g \times 10^{-7}$$

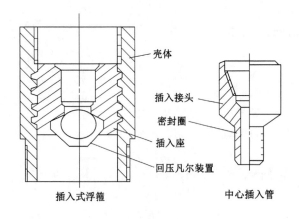 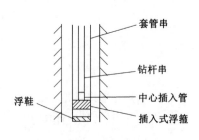

图 3-5　内插法注水泥插入式浮箍和插入头　　图 3-6　内插法注水泥工作原理图

式中　F_f——套管串所受浮力,kN;

S_w——套管外截面积,cm^2;

H——浮箍深度,m;

ρ_s——水泥浆密度,g/cm^3;

g——重力加速度。

套管串的重量 G_t:

$$G_t = qH \times 10^{-3} + S_n \rho_n g \times 10^{-7}$$

式中　G_t——套管串重量,kN;

q——单位长度套管重量,N/m;

H——浮箍深度,m;

S_n——套管内截面积,cm^3;

ρ_n——套管内泥浆密度,g/cm^3;

g——重力加速度。

要保证套管串不被浮起,需 $G_t \geqslant F_f$。若计算后,$G_t \leqslant F_f$,必须加重钻井液,即加大 ρ_n 的值。因此,必须进行钻井液"临界密度"设计。临界密度是指替钻井液结束时,套管串所受的浮力 F_f 与套管串的重量 G_t 相等时套管内钻井液的密度。

临界密度为:

$$\rho_s = (S_w \rho_n - q \times 10^{-3})/S_n$$

实际应用中,设计替入泥浆的密度要大于临界密度,按照 $\rho_s = \rho_{min} + (0.1 \sim 0.2)$ 计算。

(2) 钻柱坐封压力的计算

由于插入法固井,钻柱和浮箍是通过插入接头和浮箍插座用插入的方法连接的,所以若不在密封球面和承压锥面之间施加一定的压力,在施工中就会在反向压力的作用下使钻具产生"回缩",造成密封球面和承压锥面之间"脱开",而失去密封作用。坐封压力的计算式为:

$$F_z = p_{max} S_m \times 10^{-3}$$

式中　F_z——密封球面与承压锥面之间施加的压力(坐封压力),kN;

p_{max}——施工最大泵压,MPa;

S_m——密封面积,cm^2。

4 井眼轨迹设计与控制

4.1 定向井轨迹设计

4.1.1 定向井井眼轨道设计原则

定向井井眼轨道设计应能实现钻定向井的目的,应有利于安全、优质、快速钻井;因此应遵循以下设计原则。

(1)选择合适的井眼形状

复杂的井眼形状,势必带来施工难度的增加,因此井眼形状越简单越好,应尽可能不采用降斜井段的轨道设计。

(2)选择合适的造斜点位置

造斜点的选择应充分考虑地层稳定性、可钻性的限制,尽可能把造斜点选择在比较稳定、均匀的硬地层,避开软硬夹层、岩石破碎带、漏失地层、流沙层、易膨胀或易坍塌的地段,以免出现井下复杂情况,影响定向施工。

造斜点的深度应根据设计井的垂深、水平位移和选用的轨道类型来决定,应充分考虑井身结构的要求。

(3)选择合适的井眼曲率

井眼曲率的选择,要考虑工具造斜能力的限制和钻具刚性的限制,结合地层的影响,留出充分的余地,保证设计轨道能够实现。

在满足设计和施工要求的前提下,应尽可能选择比较低的造斜率,这样,钻具、仪器和套管都容易通过,当然,造斜率过低,会增加造斜段的工作量和成本,因此,要综合考虑。

(4)选择合适的稳斜段井斜角

稳斜段井斜角不宜太小,太小方位不好控制;稳斜段井斜角也不宜太大,太大时施工难度增加;稳斜段井斜角还应避开不利于携岩的井斜角范围。一般来讲,井斜角的大小与轨迹控制的难度有下面的关系:

① 井斜角小于 15°时,方位难以控制;

② 井斜角在 15°～40°时,既能有效地调整井斜角和方位,也能顺利地钻井、固井和电测,是较理想的井斜角控制范围;

③ 井斜角在 40°～60°时,钻进速度慢,方位调整困难且不利于携岩;

④ 井斜角大于 60°时,电测、完井作业施工的难度很大,易发生井壁垮塌事故。

(5)尽可能减少起、下钻和更换钻具的次数

转盘钻和滑动钻进段长度的确定应结合钻头、动力马达的使用寿命,尽可能使各个井段的

长度合理,一方面能满足轨迹控制的要求,另一方面能充分利用单只钻头和动力马达的有效寿命。后面井段使用的钻具组合能顺利下至已钻井底,避免划眼或专门下一趟钻进行通井。

4.1.2 井眼轨迹的设计程序

(1)根据地质提供的靶点三维坐标,计算水平段长度、水平段稳斜角及方位角。

(2)确定井身剖面类型。

(3)确定水平井钻进方法及造斜率,选定合适的靶前位移。

(4)利用计算软件,初步计算井身剖面分段数据。

(5)对初定剖面进行摩阻、扭矩计算分析,通过调整设计参数,选取摩阻扭矩最小的剖面。

(6)根据初定剖面的靶前位移及设计方位角,计算出井口坐标,并到现场落实。

(7)根据复测井口坐标,对设计方位及剖面数据进行微调,完成剖面设计。

4.1.3 定向井轨迹计算软件

定向井轨迹计算软件的三个主要功能是井眼轨迹设计、轨迹计算和防碰扫描,其他辅助功能有磁参数计算、图形处理和输出、资料和数据的输出等。最常用的定向轨迹计算软件是Landmark 公司的 Co MPass 和国产软件 Navigator。

4.2 水平井轨道设计

4.2.1 水平井的特点

不同曲率半径水平井的基本特点见表 4-1。

表 4-1 不同曲率半径水平井的基本特点

特征	长半径	中半径	短半径
造斜率	$<6°/30$ m	$(6°\sim20°)/30$ m	$15°\sim30°/30$ m
曲率半径	$304\sim914$ m	$291\sim87$ m	$12\sim6$ m
井眼尺寸	无限制	$12\frac{1}{4}\sim4\frac{3}{4}$ in	$6\frac{1}{4}$ in,$4\frac{3}{4}$ in
钻井方式	转盘钻井或导向钻井系统	造斜段:特种马达或导向钻井系统;水平段:转盘钻井或导向钻井系统	以使用特种工具的转盘钻井为主,正研制特种马达方式
钻杆	常规钻杆	$<15°/30$ m 用加重钻杆;$>15°/30$ m 用抗压缩钻杆	铰链驱动钻杆
测斜工具	无限制	MWD,但井眼尺寸$<6\frac{1}{8}$ in 不能使用	转盘钻井多用磁性测斜工具,马达钻井用有线测斜仪
取芯工具	常规工具	常规工具	岩芯筒长 1 m
地面设备	可用常规钻机	可用常规钻机	配备动力水龙头或顶部驱动系统
完井方式	无限制	无限制	只限于裸眼或割缝管

4.2.1.1 水平井的两个难点

常见水平井轨道及其目标区域如图 4-1 所示。

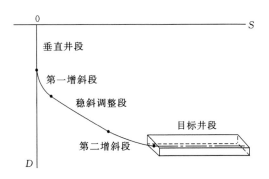

图 4-1 常见水平井轨道及其目标区域

难度之一:井眼轨迹控制要求高。

要求高,是指轨迹控制的目标区域的要求高。普通定向井的目标区域是一个靶圆,井眼只要穿过此靶圆即为合格。水平井的目标区域则是一个扁平的立方体,如图 4-1 所示,不仅要求井眼准确进入窗口,而且要求井眼的方位与靶区轴线一致,俗称"矢量中靶"。

难度之二:井眼轨迹控制难度大。

难度大,是指在轨迹控制过程中存在两个不确定性因素,轨迹控制的精度稍差就有可能脱靶。所谓两个不确定性因素,一是目标垂深的不确定性,即地质部门对目标层垂深的预测有一定的误差;二是造斜工具的造斜率的不确定性。这两个不确定性因素的存在,对直井和普通定向井来说影响不大,但对水平井来说则可能导致脱靶。

难度大的另一个原因,是水平井的井眼曲率比普通定向井要高得多,造斜的难度要大得多,需要特殊的造斜工具。

既要求精心设计水平井轨道,又要求具有较高的轨迹控制能力。

4.2.1.2 水平井的两个不确定性

两个不确定性是:目标垂深的不确定性和造斜率的不确定性。

两个不确定性的影响:

(1)造斜率不确定

造斜率不确定可能导致脱靶;

如图 4-2 所示:预计为 8°/30 m,实际是(7.5°~8.5°)/30 m;

曲率半径分别为 214 m,202 m,229 m;

上差 12 m,下差 15 m。

若目的层厚度为 10 m,则可能脱靶。

(2)目标垂深不确定

目标垂深的不确定可能导致脱靶;

如图 4-3 所示:4‰ 的预测精度,2 500 m 深度,偏差±10 m。

若目的储层厚度为 10 m,则可能脱靶。

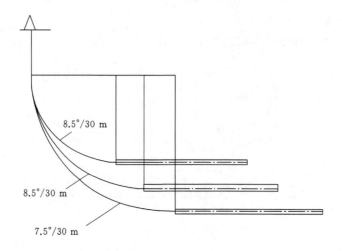

图 4-2　造斜率不确定

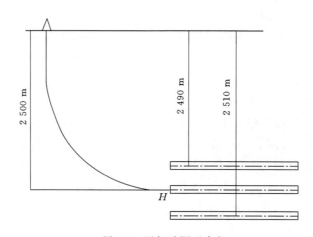

图 4-3　目标垂深不确定

4.2.2　水平井设计原则

根据国内外施工水平井的经验,设计的基本原则是:在充分了解地质资料的情况下,设计剖面应尽量避开可能的复杂地层,缩短增斜井段的水平位移,缩短增斜井段的长度,减少增斜及水平段扭矩的摩阻。为了确保在预计深度进入靶区,应增加可调节的稳斜段。

4.2.2.1　增斜段设计

(1) 详细了解地质构造、地层倾角、可钻性等情况,结合邻井地质、钻井、测井资料,准确地设计靶区。

(2) 设计造斜率应适当低于动力钻具组合的造斜能力,缩短动力钻具定向钻井井段,增长导向钻进井段,确保井眼的平滑、安全。

(3) 优化剖面结构,最大限度减少摩阻和扭矩,为后期水平段施工提供安全基础。

4.2.2.2　水平段的设计

掌握地层的倾角、走向及目的层位顶底板的岩性及地层的构造情况,尽量减少调整段。

对水平井长度的设计,从理论上讲,水平段的长度越长越好,水平段长度的增加受到工程技术及地层等多因素的限制,一般根据预测的施工长度及施工中遇到的具体情况决定水平井的最佳长度。

4.2.2.3　分支设计

井眼轨迹设计坚持以最光滑、最短为原则。地应力的分布状态和最大主应力方向,使主水平井眼沿最小应力方向钻进,钻进复杂情况最少并且钻进速度快,可获得有效的水平位移。

主水平井眼采用中、小曲率半径和"直-增-增-稳(水平段)"的连增复合型剖面,井眼轨迹圆滑、摩阻和扭矩小,造斜点选在目的层位顶部砂岩上。分支井眼采用中曲率半径和"增-稳"剖面,与主水平井眼成45°夹角。

4.2.3　水平井轨道类型

常见的三种轨道类型如图4-4所示。

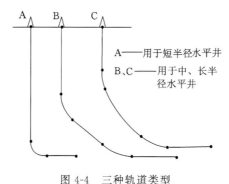

图4-4　三种轨道类型

A类水平井轨道,适用于短半径水平井。设计A类水平井,必须对造斜率和目标垂深掌握得很准确。

B、C类水平井适用于中、长半径水平井。

C类是在B类的基础上发展起来的。

A类水平井多数属侧钻水平井,轨道设计又有其特殊性。

4.2.4　水平井轨道设计(B类)

水平井设计必须解决两个不确定性,为了降低分析问题的难度,将不确定性问题分成三种情况,分别予以解决。

(1) 目标垂深确定,造斜率不确定;

(2) 造斜率确定,目标垂深不确定;

(3) 造斜率和目标垂深都不确定。

B类轨道设计图如图4-5所示。

4.2.4.1　解决两个不确定性的思路

(1) 根据最小造斜率 K_{min} 和最低目标垂深 H_d,确定造斜点垂深 H_a 和靶前位移 s_E。

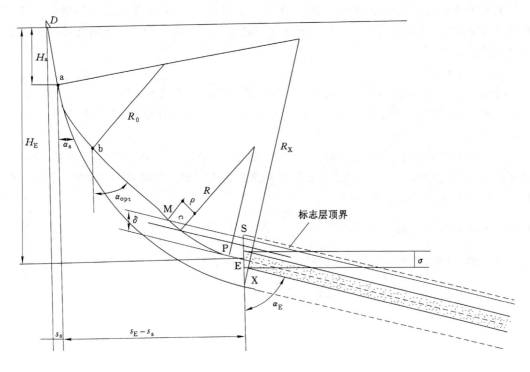

图 4-5　B 类轨道设计图

$$H_a = H_d - \frac{1\,719}{K_{\min}}(\sin \alpha_E - \sin \alpha_a)$$

$$s_E = H_a \cdot \tan \alpha_a + \frac{1\,719}{K_{\min}}(\cos \alpha_a - \cos \alpha_E)$$

（2）采用双增轨道。

在稳斜段钻进中调整和修正可能出现的轨迹偏差；在稳斜段钻进中发现标志层，确定第二造斜点；稳斜段是深井泵的有利安装位置。双增轨道设计图如图 4-6 所示。

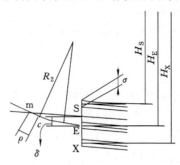

图 4-6　双增轨道设计图

（3）精心挑选标志层。

标志层有以下特征：具有明显的岩性特征，在钻进中容易发现和判断；在所在构造上分布较广，厚度较稳定；距离目标层的距离也比较稳定。

（4）采用最佳稳斜角。

4.2.4.2　设计条件及要求

（1）存在目标垂深不确定时应给定：

① 目标层的井斜角 α_E；

② 目标层进入点的预计垂深 H_E；

③ 目标层进入点的预计垂深的误差 $\Delta\%$。

据此可以算得：

① 最高进入点垂深 $H_S = H_E - H_E \times \Delta\%$；

② 最低进入点垂深 $H_X = H_E + H_E \times \Delta\%$；

③ 目标层的厚度 σ；

④ 标志层与目标进入点在垂深方向的距离 δ；

⑤ 发现标志层后钻头先入长度 ρ。

（2）存在造斜率不确定时应给定：

① 分别给定第一和第二造斜段的预期造斜率 K_1 和 K_2；

② 据此可以算出相应的曲率半径 R_1 和 R_2；

③ 给定造斜率预期的误差，并计算出最高造斜率 K_S 和最低造斜率 K_X；

④ 据此可以算出相应的曲率半径 R_S 和 R_X。

4.2.4.3　第一种不确定性：目标垂深确定，造斜率不确定

设计思路：

① 根据最小造斜率所对应的曲率半径 R_X 和目标窗口的最低深度 H_X，设计一个下界轨道，同时确定造斜点垂深 H_a 和靶前位移 s_E；

② 根据最大造斜率所对应的曲率半径 R_S 和目标窗口的最高深度 H_S，设计一个上界轨道。

③ 根据预期造斜率所对应的曲率半径 R_1 和 R_2，设计一个设计轨道。设计轨道必然处在上界和下界轨道之间，在造斜率误差范围之内，保证钻达目标。

第一种不确定性的轨道设计图如图 4-7 所示。

有关计算公式：

① 造斜点垂深 H_a 和靶前位移 s_E：

$$H_a = H_X - R_X(\sin\alpha_E - \sin\alpha_a)$$

$$s_E = H_a \cdot \tan\alpha_a + R_X(\cos\alpha_a - \cos\alpha_E)$$

② 最佳稳斜角计算有以下两种情况：

最优进入法：进入点对准窗心 E 点；

平行切线法：稳斜角与上界轨道相同。

平行切线法：稳斜角与上界轨道相同，如图 4-8 所示。

$$\begin{cases} H_0 = H_S - H_a + R_{S1}\sin\alpha_E \\ s_0 = s_E - H_a\tan\alpha_a - R_{S1}\cos\alpha_a + R_{S2}\cos\alpha_E \\ R_0 = R_{S1} - R_{S2} \end{cases}$$

$$\alpha_b = 2\arctan\frac{\sqrt{H_0^2 + s_0^2 - R_0^2}}{s_0 - R_0}$$

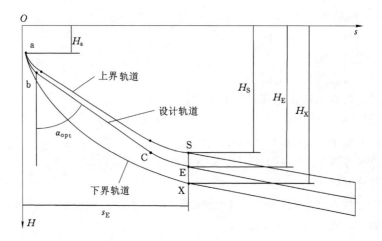

图 4-7　第一种不确定性轨道设计图

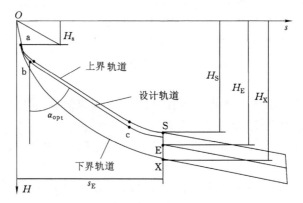

图 4-8　平行线切入法

$$\overline{bc} = \frac{s_E - s_a - R_1 \cos \alpha_a + R_2 \cos \alpha_E + (R_1 - R_2)\cos \alpha_b}{\sin \alpha_b}$$

最优进入法：进入点对准窗心 E 点，如图 4-9 所示。

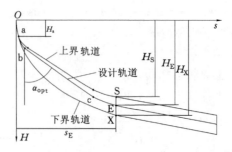

图 4-9　最优进入法

$$\begin{cases} H_0 = H_E - H_a + R_1 \sin \alpha_a - R_2 \sin \alpha_E \\ s_0 = s_E - H_a \tan \alpha_a - R_1 \cos \alpha_a + R_2 \cos \alpha_E \\ R_0 = R_1 - R_2 \end{cases}$$

$$\alpha_b = 2\arctan \frac{\overline{bc} - H_0}{s_0 - R_0}$$

$$\overline{bc} = \sqrt{H_0^2 + s_0^2 - R_0^2}$$

4.2.4.4 第二种不确定性:造斜率确定,目标垂深不确定

设计思路:

① 根据给定的造斜率所对应的曲率半径 R_1 和 R_2 以及目标垂深不确定性的所有条件,计算最佳稳斜角 α_{opt};

② 计算稳斜段长度 L_w 以及滑行段长度 P_E;

③ 最后计算造斜点垂深 H_a 和靶前位移 s_E。

第二种不确定性轨道设计图如图 4-10 所示。

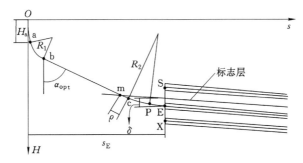

图 4-10 第二种不确定性轨道设计图

最佳稳斜角计算公式:

$$\alpha_{opt} = \alpha_E - \arccos\left[1 - \frac{\delta - \rho \sin(\alpha_E - \alpha_{opt})}{R_2} \right]$$

当 $\alpha_E = 90°$ 时:

$$\alpha_{opt} = \arcsin\left[1 - \frac{\delta - \rho \cos \alpha_{opt}}{R_2} \right]$$

稳斜段长 $\overline{bc}$:

$$\overline{bc} = \overline{ES} \cdot \frac{\sin \alpha_E}{\sin(\alpha_E - \alpha_{opt})} + \rho$$

滑行段长度 $\overline{PE}$:

$$\overline{PE} = \overline{ES} \cdot \frac{\sin \alpha_{opt}}{\sin(\alpha_E - \alpha_{opt})}$$

造斜点垂深 H_a 和靶前位移 s_E:

$$H_a = H_E - R_1(\sin \alpha_{opt} - \sin \alpha_a) - R_2(\sin \alpha_E - \sin \alpha_{opt}) - \overline{bc} \cdot \cos \alpha_{opt} - \overline{PE} \cdot \cos \alpha_E$$

$$s_E = S_a + R_1(\cos \alpha_{opt} - \cos \alpha_a) + R_2(\cos \alpha_E - \cos \alpha_{opt}) + \overline{bc} \cdot \cos \alpha_{opt} + \overline{PE} \cdot \sin \alpha_E$$

4.2.4.5 第三种不确定性：目标垂深不确定，造斜率不确定

设计思路：

① 根据最小造斜率所对应的曲率半径 R_X 和目标窗口的最低深度 H_X，设计一个下界轨道，同时确定造斜点垂深 H_a 和靶前位移 s_E；

② 根据预计造斜率所对应的曲率半径 R_1 和 R_2，以及给定的目标垂深不确定条件，计算出最佳稳斜角 α_{opt}；

③ 最后计算稳斜段长 $\overline{bc}$ 及滑行段长度 $\overline{PE}$。

第三种不确定性轨道设计图如图 4-11 所示。

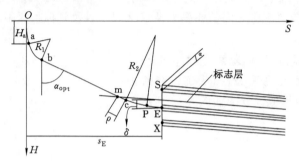

图 4-11　第三种不确定性轨道设计图

有关计算公式：

造斜点垂深 H_a 和靶前位移 s_E：

$$H_a = H_X - R_X(\sin \alpha_E - \sin \alpha_a)$$

$$s_E = H_a \cdot \tan \alpha_a + R_X(\cos \alpha_a - \cos \alpha_e)$$

最佳稳斜角 α_{opt}：

$$\alpha_{opt} = \alpha_E - \arccos\left[1 - \frac{2\sigma \sin \alpha_E}{R_X - R_S}\right]$$

稳斜段长度 $\overline{bc}$ 和滑行段长度 $\overline{PE}$：

$$H_0 = H_E - H_a + R_1(\sin \alpha_{opt} - \sin \alpha_a) - R_2(\sin \alpha_E - \sin \alpha_{opt})$$

$$s_0 = s_E - s_a + R_1(\cos \alpha_a - \cos \alpha_{opt}) - R_2(\cos \alpha_{opt} - \cos \alpha_E)$$

$$\overline{bc} = \frac{H_0 \tan \alpha_E - s_0}{\cos \alpha_{opt} \tan \alpha_E - \sin \alpha_{opt}}$$

$$\overline{PE} = \frac{H_0 \tan \alpha_{opt} - s_0}{\cos \alpha_E \cdot \tan \alpha_{opt} - \sin \alpha_E}$$

4.2.5　水平井轨道设计（C 类）

4.2.5.1　基本思想

如图 4-12 所示，这种轨道是在 B 类轨道基础上发展起来的。

B 类轨道在钻进过程中，当钻到稳斜段时，往往出现稳不住的情况。若使用强稳斜组合，则组合"太硬"，扶正器太多，不利于钻柱起下和钻进。于是，人们想到将稳斜段改为缓增段。

钻进缓增段时，使用缓增组合（转盘钻或动力钻具钻），这样轨迹控制反而比较容易些。

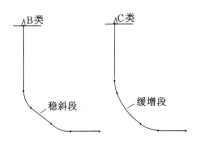

图 4-12　B、C 两类轨道示意图

4.2.5.2　设计思路

（1）给定条件

① 造斜点垂深 D_a 和靶前位移 s_E；

② 两个主要增斜段曲率半径 R_1 和 R_3；

③ 缓增段的曲率半径 R_2。

（2）需要计算的参数

关键是 b 点和 c 点的位置，所以最重要的是计算出 b 点到 c 点井斜角的增量 $\Delta\alpha_2$ 和 b 点井斜角 α_b。

α_b 和 $\Delta\alpha_2$ 乃是关键参数。

$$令:\begin{cases} A_1 = R_2 - R_1 \\ A_2 = R_2 - R_3 \\ D_0 = D_E - D_a + R_1 \sin\alpha_a - R_3 \sin\alpha_E \\ s_0 = s_E - s_a - R_1 \sin\alpha_a + R_3 \cos\alpha_E \\ R_0 = R_1 - R_3 \end{cases}$$

计算过渡参数 δ：

$$\begin{cases} 当 D_0 > 0 \text{ 时}, \delta = \arctan\left(\dfrac{s_0}{D_0}\right) \\ 当 D_0 < 0 \text{ 时}, \delta = \arctan\left(\dfrac{s_0}{D_0}\right) + 180° \\ 当 D_0 = 0 \text{ 且 } s_0 > 0 \text{ 时}, \delta = 90° \\ 当 D_0 = 0 \text{ 且 } s_0 < 0 \text{ 时}, \delta = 270° \end{cases}$$

计算过渡参数 σ：

$$\sigma = \arccos\left[\frac{(A_1^2 - A_2^2) - (D_0^2 + s_0^2)}{2A_1\sqrt{D_0^2 + s_0^2}}\right]$$

计算缓增段井斜角增量 $\Delta\alpha_2$ 及 b 点和 c 点井斜角：

$$\Delta\alpha_2 = \arccos\left[1 - \frac{(D_0^2 + s_0^2) - R_0^2}{2A_1A_2}\right]$$

$$\alpha_b = 90° - \sigma + \delta$$

$$\alpha_c = \alpha_b + \Delta\alpha_2$$

对 $\Delta\alpha_2$ 计算公式是否有解的判断：

$$\Delta\alpha_2 = \arccos\left[1 - \frac{(D_0^2 + s_0^2) - R_0^2}{2(R_2 - R_1)(R_2 - R_3)}\right]$$

由于 $R_2 > R_1$ 且 $R_2 > R_3$，所以必有：

当 $D_0^2 + s_0^2 - R_0^2 > 0$ 时，必有解。

当 $D_0^2 + s_0^2 - R_0^2 = 0$ 时，缓增段长度等于零。

当 $D_0 = 0$ 且 $s_0 = 0$ 时，必有 $R_0 = 0$ 即 $R_1 = R_3$，否则将出现 $D_0^2 + S_0^2 - R_0^2 < 0$，此时将出现无解的情况。

图 4-13 所示为 C 类轨道设计图。

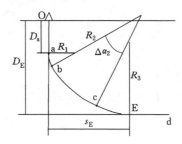

图 4-13　C 类轨道设计图

4.3　分支井眼

（1）当钻完主水平井眼后，调整钻井液性能，确保水平井段内岩屑清洗干净，无底边岩屑床，地层井壁稳定。

（2）起出钻具，下入可回收式斜向器到预定分支点位置，定向后座封；然后下入带"LWD ＋ 井底马达＋ 高效钻头"的钻具，侧钻出一个水平分支井眼。

（3）钻完第一个分支井眼后起出钻具，下入专用工具将斜向器起出；重复上述方法钻完设计分支井眼个数后裸眼完井。

4.4　井眼轨迹控制

4.4.1　井眼轨迹控制模式

4.4.1.1　以转盘钻为主的长半径井眼轨迹控制

采用转盘钻，在长半径水平井中通过调整钻具组合和钻井参数，可以有效地实现对弱增斜、微增斜段的井眼轨迹控制。

（1）主要思路

简化井身结构，整个增斜井段采用单一的 ϕ311 mm 井眼尺寸。将这种模式归纳为：

① 充分利用高压喷射和防斜打直技术，严格地将造斜点前的直井段井眼轨迹控制在允许范围之内，快速优质地钻完该井段。

② 定向造斜段用常规动力钻具、弯接头或弯套动力钻具的方式进行。选择合适的弯接

头或弯壳体度数,使实际造斜率尽可能地接近设计造斜率。井斜角应达到 $10°\sim15°$ 换转盘钻进,以利于增斜和方位的稳定。

③ 根据实际增斜率及时调整钻井参数或更换钻具组合,必要时用动力钻具进行井斜角和方位角的修正,使之满足轨迹点的位置和矢量方向的综合控制。

④ 在转盘钻具组合的钻进过程中,要经常短起下钻和交叉接力循环,以铲除岩屑床和修理井壁。

⑤ 长半径水平井的水平段相对较短,可以转盘钻具组合钻进为主要钻进方式,但必须进行摩阻计算,钻具组合设计为倒装钻具,并采用大排量来提高携岩能力。备用一套 DTU (异向双弯动力钻具)导向钻具或者 1°左右的单弯动力钻具,以修正转盘钻具组合的意外失控。

(2) 实践经验

① 长半径水平井使用常规定向井工具,用转盘钻方式进行增斜井段的井眼轨迹控制,通过精心设计钻具组合,合理调整钻井参数,可以实现有控制的弱增斜、微增斜以及比较稳定的增斜率,调整钻井参数的核心是钻压。

② 在 $\phi444.5$ mm 井眼中,采用 $\phi228.6$ mm 和 $\phi203.2$ mm 钻铤组成的增斜钻具组合,能够获得 $4.5°/30$ m 的比较稳定的增斜率。

③ 在 $\phi311$ mm 井眼中,用转盘钻具组合能得到 $6°/30$ m 的最高稳定增斜率。因此,在 $\phi311$ mm 井眼中以转盘钻的方式进行长半径水平井的轨迹控制是经济可行的,而用这种方式进行中、小半径水平井的轨迹控制是比较困难的。

4.4.1.2　以动力钻具为主的中小半径井眼轨迹控制

中半径水平井在钻进过程中的摩阻、扭矩远比长半径水平井小,更有利于安全钻井和钻进更长的水平井段。而且通过提高造斜率、缩短靶前位移、缩短斜井段长度,有利于进一步缩短水平井的钻井周期,降低钻井成本,提高经济效益。使用各种弯套的动力钻具组合可以实现高造斜率的稳定控制。

以动力钻具组合钻进为主,以转盘钻具组合通井、调整造斜率为辅,既可以克服动力钻具循环排量小的不足,通过通井和大排量循环铲除岩屑床,调整动力钻具造斜率的偏差和调整井眼垂深,又可以加大钻压钻完可钻性差的地层。

这种模式归纳如下:

(1) 直井段与转盘钻模式相同,充分利用高压喷射和防斜打直技术,严格将造斜点前的直井段井眼轨迹控制在允许范围之内,快速优质地钻完该井段。

(2) 对入靶前地层较稳定的水平井,造斜段的施工以弯壳体动力钻具为主钻进,以转盘钻具组合通井铲除岩屑床和修整井眼,并完成稳斜段或造斜率较低的调整段,以二至三套钻具组合在二至三趟钻内钻完 $0\sim90°$ 造斜段。

(3) 对入靶前地层稳定性较差的水平井,造斜段的施工以弯套动力钻具与转盘钻具相结合的钻进方式,用动力钻具在易造斜井段按设计先打出高造斜率,再用转盘钻具组合钻完可钻性差的井段(即后打低造斜率)。

对设计造斜率较低的疏松地层,在采用动力钻具或转盘钻具组合时,都应当使用比正常井段造斜高一级的钻具组合来完成。

实践证明,动力钻具在钻井施工中的作用越来越大:

（1）以动力钻具为主，钻增斜井段

采用动力钻具为主钻增斜井段能获得高造斜率，并采用有线随钻测斜仪或 MWD 无线随钻测斜仪严格监控井眼轨迹，通过调整和控制动力钻具的工具面，可以获得较稳定的井眼全角变化率，几乎不会出现方位漂移的问题。

从提高水平井钻井速度和效益的角度来讲，针对水平井的井眼轨道设计，合理选择动力钻具的角度及与之配合的钻头、测量工具以及合理的钻进参数和技术措施，使每套钻具组合达到设计的目的，是水平井井眼轨迹控制工艺技术所攻关和研究的方向之一。

（2）以动力钻具为主，钻水平井段

以动力钻具为主钻水平井段的技术应用越来越广泛，比较典型的是采用小角度弯动力钻具组合或 DTU 异向双弯动力钻具组合组成的导向钻井系统。

在对接井施工中，为保证精确对接，更离不开动力钻具。

地质导向钻井系统的随钻测量参数如图 4-14 所示。

地质导向钻井技术是国际前沿技术，它以近钻头地质参数与工程参数的随钻测量、传输、地面实时处理解释和决策控制为主要技术特征，它的推广应用在世界范围内取得了显著技术效果和重大经济效益。

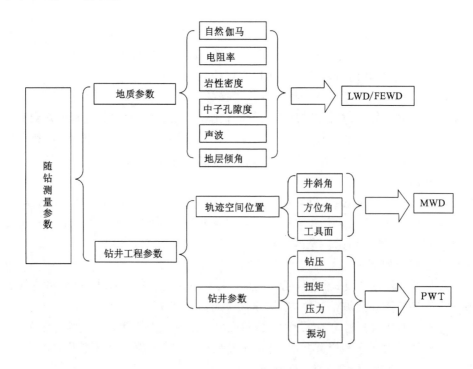

图 4-14 地质导向钻井系统的随钻测量参数

4.4.2 轨迹控制方案

4.4.2.1 空气钻进竖直井

救生通道的垂直度是成败的关键。救生通道井底位移大，则不能直接透巷。若夹壁墙薄，则受困人员可以开挖贯通；若夹壁墙太厚，人工开挖不能贯通，则造成井眼报废。因此，在施工大眼的救生通道时,首先施工小径的先导孔并确认透巷,然后再扩孔成大口径救生通道钻孔,提高贯通率。

扩孔钻头导向前端的排渣设计非常关键。若排渣不力或先导孔因砾石堵塞,不仅失去导向作用,而且加剧了造斜。

如果采用大口径一次成井,则钻具组合中配备测斜用无磁钻铤,及时测顶角、方位,掌握井眼轨迹。如果没有无磁钻铤,则采用陀螺测斜仪测斜。

4.4.2.2　钻井液钻进竖直井和定向井

竖直井:上部井段采用大钟摆钻具组合,大排量、高泵压、低黏切的钻井液,充分发挥钻头水马力;下部井段推广应用"PDC＋直螺杆"技术,实现小钻压高转速钻进,同时配合MWD无线随钻测量技术,发现井斜立即采取纠偏措施。

定向井:增斜、降斜、稳斜段,钻具组合为转盘增斜钻具组合和动力钻具增斜钻具组合,推广应用"PDC＋弯螺杆"技术,实现小钻压高转速钻进,利用MWD测量仪器进行跟踪监测,根据轨迹控制需要及时更换钻具组合或调整钻进方式和钻进参数。

4.4.3　竖直井钻具组合

4.4.3.1　塔式钻具

(1)钻铤尺寸的确定

① 为保证套管能顺利下入井内,钻柱中最下段(一般不应少于一立柱)钻铤应有足够大的外径,推荐按表 4-2 选配。

表 4-2　与钻头直径对应的推荐钻铤外径

钻头直径/mm	钻铤外径/mm
142.9～152.4	104.7～120.6
158.8～171.4	120.6,127.0
190.5～200.0	127.0～158.8
212.7～222.2	158.8～171.4
241.3～250.8	177.8～203.2
269.9	177.8～228.6
311.2	228.6～254.0
374.6	228.6～254.0
444.5	228.6～279.4
508.0～660.4	254.0～279.4

② 钻铤柱中最大钻铤外径应保证在打捞作业中能够套铣。

③ 在大于 190.5 mm 的井眼中,应采用复合(塔式)钻铤结构(包括加重钻杆),相邻两段钻铤的外径差一般不应大于 25.4 mm。最上一段钻铤的外径不应小于所连接的钻杆接头外径。每段长度不应少于一立柱。

④ 钻具组合的刚度应大于所下套管的刚度。

(2)钻铤重量的确定

根据设计的最大钻压计算确定所需钻铤的总重量,然后确定各种尺寸钻铤的长度,以确保中性点始终处于钻铤柱上,所需钻铤的总重量可按式(4-1)计算:

$$W_c = P_{max} K_s / K_f \tag{4-1}$$

其中:

$$K_f = 1 - \rho_m / \rho_s$$

式中　W_c——所需钻铤的总重量,kN;

　　　　P_{max}——设计的最大钻压,kN;

　　　　K_s——安全系数,一般条件下取 1.25,当钻铤柱中加钻具减振器时,取 1.15;

　　　　K_f——钻井液浮力减轻系数;

　　　　ρ_m——钻井液密度,g/cm³;

　　　　ρ_s——钻铤钢材密度,g/cm³。

4.4.3.2　钟摆钻具

(1)无稳定器钟摆钻具组合设计

为了获得较大的钟摆降斜力,最下端 1~2 柱钻铤应尽可能采用大尺寸厚壁钻铤。

(2)单稳定器钟摆钻具组合设计

① 稳定器安放高度的设计原则。

a. 在保证稳定器以下钻铤在纵横载荷作用下产生弯曲变形的最大挠度处不与井壁接触的前提下,尽可能高地安放稳定器。

b. 在使用牙轮钻头、钻铤尺寸小、井斜角大时,应低于理论高度安放稳定器,可参照表 4-3 安放稳定器。

表 4-3　定长钟摆钻具组合的推荐稳定器安放高度

钻头直径/mm	稳定器安放高度/m
≥339.7	≈36(四根钻铤单根)
244.5~311.2	≈27(三根钻铤单根)
193.7~244.5	≈18(两根钻铤单根)
≤152.4	≈9(一根钻铤单根)

注:钻铤单根长度按 9 m 计。

② 当稳定器以下采用同尺寸钻铤时,可用式(4-2)计算稳定器的理论安放高度:

$$L_s = \sqrt{\frac{-b + \sqrt{b^2 - 4ac}}{2a}} \tag{4-2}$$

其中　$b = 184.6P(0.667 + 0.333e/r)^2 (r - 0.42e - 0.08e^2/r)$

　　　　$a = \pi^2 q \sin \alpha$

　　　　$c = -184.6\pi^2 EI(r - 0.42e - 0.08e^2/r)$

式中　L_s——稳定器的理论安放高度,m;

　　　　P——钻压,kN;

　　　　e——稳定器与井眼间的间隙值,即稳定器外径与钻头直径差值的一半,m;

　　　　r——钻铤与井眼间的间隙值,即井眼直径与钻铤外径的差值的一半,m;

　　q——单位长度钻铤在钻井液中的重力,kN/m;

　　α——井斜角,(°);

　　EI——钻铤的抗弯刚度,kN·m²。

　　③ 稳定器的实际安放高度一般在计算的理论高度的 90% 以内,也可按表 4-3 确定安放高度。

　　a. 根据实际钻铤单根长度确定的长钟摆钻具组合,应用式(4-3)、式(4-4)分别计算使用这种组合在钻压一定时的允许最大井斜角 α_{max} 和井斜角一定时的允许最大钻压 P_{max}:

$$\alpha_{max} = \arcsin \frac{184.6\pi^2 EI(r - 0.42e - 0.08e^2/r)}{\pi^2 qL^4} -$$

$$\frac{184.6PL^2(0.667 + 0.333e/r)^2(r - 0.42e - 0.08e^2/r)}{\pi^2 qL^4} \tag{4-3}$$

$$P_{max} = \frac{184.6\pi^2 EI(r - 0.42e - 0.08e^2/r) - \pi^2 qL^4 \sin\alpha}{1.84.6L^2(0.667 + 0.333e/r)^2(r - 0.42e - 0.08e^2/r)} \tag{4-4}$$

式中　L——稳定器的实际安放高度,m。

　　b. 当稳定器与井眼间的间隙 e 值趋于零时,式(4-3)、式(4-4)可分别简化为:

$$\alpha_{max} = \arcsin\left(\frac{184.6\pi^2 rEI - 82.04PrL^2}{\pi^2 qL^4}\right) \tag{4-5}$$

$$P_{max} = \frac{184.6\pi^2 rEI - \pi^2 qL^4 \sin\alpha}{82.04rL^2} \tag{4-6}$$

　　(3) 多稳定器钟摆钻具组合设计

　　多稳定器钟摆钻具组合是在单稳定器钟摆组合的稳定器上,每间隔一定长度(一般是单根钻铤)再安放 1～3 只稳定器。

4.4.3.3　满眼钻具

　　(1) 常规满眼钻具组合的基本形式

　　① 常规满眼钻具组合的基本形式如图 4-15 所示。

　　② 近钻头稳定器应直接连接钻头,其间不应加装配合接头或其他工具。

　　③ 轻度易井斜地层采用一只井底型稳定器作近钻头稳定器;中等易井斜地层应采用有效稳定长度较长的井底型稳定器,或在有效稳定长度较短的井底型稳定器之上再串接一只钻柱型稳定器作近钻头稳定器。

　　④ 根据需要可在上稳定器以上适当位置再加接稳定器。

　　⑤ 满眼钻具组合部分的钻铤,特别是短钻铤,应采用表 4-2 中的最大外径厚壁钻铤。

　　(2) 稳定器与井眼间的间隙

　　稳定器与井眼间的间隙对满眼钻具组合的使用效果影响很大,应当保证稳定器有足够的外径。近钻头稳定器和中稳定器的外径与钻头直径的差值不应大于 3 mm,

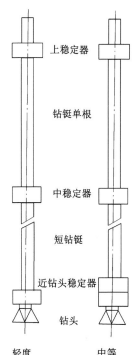

图 4-15　常规满眼钻具组合

上稳定器换外径与钻头直径的差值不应大于 6 mm。

（3）中稳定器与上稳定器安放高度的确定

① 确定中稳定器理论安放高度的原则是使钻头偏斜角为最小值。

② 中稳定器的理论安放高度用式(4-7)计算，并选用长度适当的短钻铤，使中稳定器的实际安放高度接近理论安放高度：

$$L_\mathrm{m} = \sqrt[4]{\frac{16EI_\mathrm{m}e_\mathrm{m}}{q_\mathrm{m}\sin\alpha}} \tag{4-7}$$

式中　L_m——中稳定器的理论安放高度，m；

$\quad\quad EI_\mathrm{m}$——短钻铤的抗弯刚度，kN·m²；

$\quad\quad e_\mathrm{m}$——中稳定器与井眼的间隙值，m；

$\quad\quad q_\mathrm{m}$——单位长度短钻铤在钻井液中的重力，kN/m；

$\quad\quad \alpha$——井斜角，(°)；

$\quad\quad 4$——上稳定器安放在中稳定器的上部时的取值，相距约 9 m。

4.4.3.4　钻具减振器安放位置

（1）钻具减振器的安放位置应尽量靠近接头。

（2）在钟摆钻具组合中，钻具减振器一般应直接安放在钻头之上。

（3）在满眼钻具组合中，钻具减振器一般应安放在中稳定器之上。

4.4.3.5　钻具震击器安放位置

为防止震击器早期损坏，不得将震击器安放在中性点附近。

钻具震击器安放在钻柱受拉部位，推荐在轴向应力零点以上的 1 立柱。

4.4.3.6　直井防斜导向钻具

单弯螺杆＋随钻测量系统＋旋转钻进方式

（1）有线随钻

钻头＋弯螺杆＋短钻铤 1 根＋扶正器＋定向直接头＋无磁钻铤 1 根＋钻铤＋加重钻杆＋钻杆

（2）无线随钻（MWD）

钻头＋弯螺杆＋短钻铤 1 根＋扶正器＋无磁钻铤 1 根＋MWD 无磁短接＋钻铤＋加重钻杆＋钻杆

（3）BHA 设计要点

单弯螺杆的弯角 1°左右，带欠尺寸扶正器；短钻铤的长度需要计算。

（4）钻进参数选择

控制排量不超过螺杆钻具额定排量，小钻压、低转盘转速。

4.4.4　定向井钻具组合

4.4.4.1　钻铤尺寸及重量的确定

（1）钻铤尺寸的确定

① 在斜井段使用的最下一段(应大于 27 m)钻铤的刚度应适用于设计的井眼曲率。

② 入井的下部钻具组合中，钻铤的外径应能满足打捞作业。

③ 钻头直径与相应钻铤尺寸范围的要求见表 4-4。

表 4-4　钻头直径与相应的钻铤尺寸

钻头直径/mm	钻铤直径/mm
120.7(4¾ in)	79.4(3⅛ in)
152.4(6 in)	104.8(4⅛ in)
215.9(8½ in)	158.8(6¼ in)
241.3(9½ in)	158.8(6¼ in)
311.2(12¼ in)	203.2(8 in)
444.5(17½ in)	228.6(9 in)

（2）无磁钻铤安放位置及长度的确定

① 无磁钻铤的安放位置应根据钻具组合的特性（造斜、增斜、稳斜或降斜）、具体尺寸和连接螺纹类型确定，并使之尽可能接近钻头。

② 无磁钻铤长度的确定。

根据中华人民共和国石油天然气行业标准 SY/T 5619—2018《定向井下部钻具设计方法》，中国、欧洲北部、亚洲中部和北部、北美北部、非洲大部、南美洲、大洋洲位于地磁的 1 区。施工区在 1 区时，无磁钻铤的长度根据图 4-16 确定。

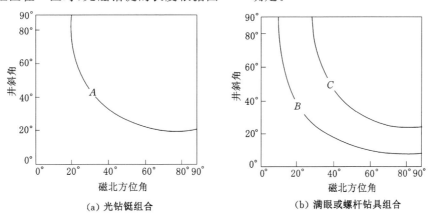

图 4-16　1 区无磁钻铤长度选择图

如图 4-16（a）所示：

在曲线 A 以下：无磁钻铤长度为 9.1 m；仪器位置距无磁钻铤底部 3.3 m。

在曲线 A 以上：无磁钻铤长度为 18.3 m；仪器位置距无磁钻铤底部 13.6 m。

如图 4-16（b）所示：

在曲线 B 以下：无磁钻铤长度为 9.1 m；仪器位置距无磁钻铤底部 4.5 m。

在曲线 B 和 C 之间：无磁钻铤长度为 18.3 m；仪器位置距无磁钻铤底部 6.6 m。

在曲线 C 以上：无磁钻铤长度为 27.4 m；仪器位置距无磁钻铤底部 13.7 m。

（3）钻铤重量的确定

① 常规定向井中钻铤重量的确定：根据设计的最大钻压，确定所需钻铤的总重量，再确定钻铤尺寸和长度。

所需钻铤在空气中的总重量按式(4-8)计算：

$$G_i = Pk / (f \cos \alpha) \tag{4-8}$$

式中　G_i——所需钻铤在空气中的总重量,kN;

　　　P——设计的最大钻压,kN;

　　　k——安全系数,可取 $1.2 \sim 1.5$;

　　　f——钻井液浮力校正系数;

　　　α——井斜角,(°)。

② 深定向井及难度较大定向井中钻铤重量的确定:为了减少钻柱的扭矩、摩擦阻力以及高密度钻井液造成黏附卡钻的可能性,可采取加重钻杆、普通钻杆和铝合金钻杆代替钻铤加钻压,但应进行稳定性分析计算。

钻杆开始弯曲时的临界压缩载荷按式(4-9)计算:

$$F_{\max} = 2(9.8 f EI \rho A \sin \alpha / \gamma)^{1/2} \tag{4-9}$$

式中　$F_{\max}$——钻杆开始弯曲时的临界压缩载荷,kN;

　　　E——弹性模量,可取 2.059×10^{11} N/m²;

　　　f——钻井液浮力校正系数;

　　　I——管材的轴惯性矩,m⁴;

　　　ρ——管材密度,t/m³;

　　　A——管材横截面积,mm²;

　　　α——井斜角,(°);

　　　γ——钻杆与井眼间的间隙值,mm。

钻杆稳定性设计所需的条件按式(4-10)计算:

$$F_{\max} > P - W \cos \alpha \tag{4-10}$$

式中　P——设计的最大钻压,kN;

　　　W——下部钻具组合钻杆以下钻铤的浮重,kN;

应用式(4-9)和式(4-10)确定钻铤、加重钻杆、普通钻杆和铝合金钻杆重量。

4.4.4.2　螺杆钻具定向井造斜钻具组合的设计

(1) 如图 4-17 所示,螺杆钻具有以下四种基本形式:弯接头式[图 4-17(a)]、单弯壳体式[图 4-17(b)]、同向双弯壳体式[图 4-17(c)]、异向双弯壳体式[图 4-17(d)]。

(2) 钻头直径与相应的螺杆钻具尺寸范围按表 4-5 组合。

表 4-5　螺杆钻具组合

钻头直径/mm	螺杆钻具直径/mm
117.5~152.4	85.7
165.1~200.0	127.0
212.7~250.8	165.1
250.8~311.2	196.9
311.2~444.5	244.5
444.5~660.4	304.8

(3) 弯接头度数的确定:使用井下动力钻具定向造斜时,弯接头度数应根据井眼轨迹所

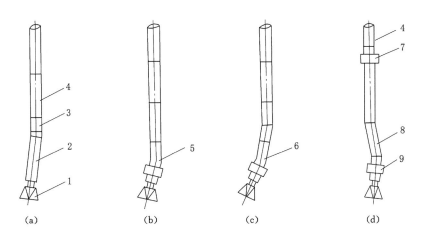

1—钻头；2—动力钻具；3—弯接头；4—钻铤；5—单弯壳体动力钻具；
6—同向双弯动力钻具；7—稳定器；8—异向双弯动力钻具；9—可调式稳定器

图 4-17　螺杆钻具组合基本形式

需造斜率结合该区的地层造斜特性、钻井参数等因素综合考虑，表 4-6 所列仅供参考。

表 4-6　螺杆钻具组合预计造斜率（弯接头式）

弯接头角度/(°)	工具尺寸/mm										
	98.4		127.0		165.1		196.9				244.5	
	井径/mm	造斜率/[(°)/100 m]	井径/mm	造斜率/[(°)/100 m]	井径/mm	造斜率/[(°)/100 m]	井径/mm	造斜率/[(°)/100 m]	井径/mm	造斜率/[(°)/100 m]	井径/mm	造斜率[/(°)/100 m]
1.0	120.7	9.8	152.4	11.5	215.9	8.2	244.4	8.2	311.2	5.7	444.5	4.1
1.5		11.5		15.6		11.5		12.3		8.2		7.4
2.0		13.1		18.0		14.8		16.4		11.5		9.8
2.5		16.4								16.4		14.8

（4）钻井队一般配备 0.5°、1°、1.5°、2°、2.5°等五种规格的弯接头。

（5）弯壳体螺杆钻具应结合本地区的地质特性、钻井实践选用。

（6）钻头与井底动力钻具之间，尽可能不加配合接头。

（7）使用图 4-17（d）型螺杆钻具组合时，可通过调节下稳定器的位置来调节工具的造斜率。

4.4.4.3　转盘钻增斜

（1）转盘钻增斜钻具按增斜能力的大小分为强增斜、中等增斜、弱增斜三种组合（图 4-18），基本尺寸要求见表 4-7。在定向井钻井中，一般应设计多稳定器组合。单稳定器组合在井斜较小（小于 30°）时，井眼方位稳定性差；在稳斜组合中，降斜率较大，不易稳斜。

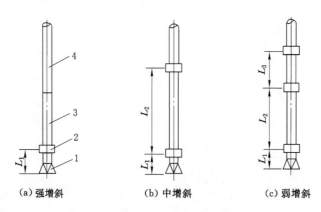

（a）强增斜　　　　（b）中增斜　　　　（c）弱增斜

1—钻头；2—稳定器；3—无磁钻铤；4—普通钻铤

图 4-18　转盘钻增斜钻具组合形式

表 4-7　转盘钻增斜钻具组合稳定器安放高度

增斜钻具组合基本形式	稳定器安放高度/m		
	L_1	L_2	L_3
强增斜	1.0～1.8	—	—
中增斜	1.0～1.8	18.0～27.0	—
弱增斜	1.0～1.8	9.0～18.0	9.0～10.0

（2）稳定器组合的受力及安放高度的计算，推荐采用纵横弯曲连续梁法计算，也可采用有限单元法计算。每一口井的钻具组合计算，应采用同一个计算机程序。

（3）调整钻头侧向力的一般方法：

① 改变近钻头稳定器与钻头之间的距离（L_1）；

② 改变稳定器之间的距离或钻铤尺寸；

③ 改变钻压；

④ 调整稳定器与井壁的间隙。

（4）使用多稳定器增斜时，当井斜角增大到使第二稳定器失效前，L_2 应相应地减小。

（5）用单稳定器钻具组合钻进，当井斜角小于 30′时，钻具组合的方位稳定性较差，使用中应慎重。

（6）下部钻具组合刚度增大时，应逐个增加稳定器进行通井、划眼。

（7）短钻铤的配备：应配备 1.0、2.0、3.0、4.5、6.0（m）等规格的短钻铤。一般定向井队应配备 1.5 m、2 m 两种规格的短钻铤。

（8）为获得较高的侧向力，近钻头稳定器与钻头之间应有一定距离。

（9）用单稳定器组合钻进的井眼，若需下入多稳定器组合，必须逐渐增加稳定器的个数进行扩划眼。

（10）多稳定器组合钻进时，蹩劲较大，起钻时易遇阻，操作时一定要小心，最好除近钻头稳定器外，其他均采用变径稳定器。

4.4.4.4　转盘钻稳斜

（1）转盘钻稳斜钻具组合按稳斜能力大小分为强稳斜、中等稳斜、弱稳斜组合三种基本形式,如图 4-19 所示,基本尺寸要求见表 4-8。

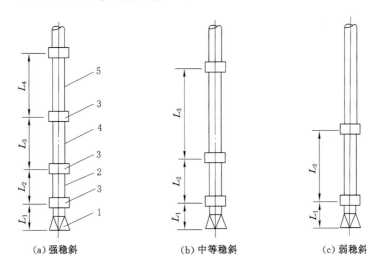

1—钻头;2—短钻铤;3—稳定器;4—无磁钻铤;5—普通钻铤

图 4-19　转盘钻稳斜钻具组合形式

表 4-8　转盘钻稳斜钻具组合稳定器安装高度

稳斜钻具组合	稳定器安装高度/m			
基本形式	L_1	L_2	L_3	L_4
强稳斜	1.0～1.8	3.0～6.0	9.0～18.0	9.0～27.0
中等稳斜	1.0～1.8	4.5～9.0	9.0～10.0	—
弱稳斜	1.0～1.8	9.0～10.0	—	—

　　一般来说,只要安放距离合适,稳定器越多,稳斜能力越强,稳定器越少降斜就越大。

　　(2) 图 4-18(c)所示钻具组合推荐在井斜角 30°以上使用。

　　(3) 设计稳斜钻具组合主要是尽可能减少钻头上的侧向力,使井眼曲率无大的变化。

　　(4) 在硬地层或研磨性地层中稳斜钻进时,如果扭矩过大或钻头与稳定器的直径磨损严重,可把螺旋稳定器换成滚轮稳定器。

　　(5) 长井段及大井斜角井段中稳斜钻进时,应采用弱增斜钻具组合(即增加近钻头稳定器与中稳定器之间的距离)钻进,以平衡钟摆降斜力,达到长井段稳斜的目的。

　　(6) 为加强稳斜效果,可将近钻头稳定器串联使用。

　　(7) 可采用转盘钻(转速为 50 r/min 左右)加弯壳体螺杆钻具稳斜。

　　(8) 可采用井底动力钻具带稳斜组合稳斜钻进。

　　(9) 每套稳斜钻具组合的稳斜效果分析至少应在钻进两个组合长度后才可确定。一般多稳定器稳斜组合可控制井斜变化率在 $\pm(0.5°\sim2.5°)/100$ m 范围内。

4.4.4.5　转盘钻降斜

　　(1) 按降斜能力分三种基本形式,如图 4-20 所示,其基本尺寸要求见表 4-9。

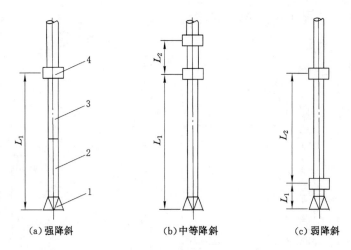

1—钻头；2—无磁钻铤；3—普通钻铤；4—稳定器

图 4-20　转盘钻降斜钻具组合形式

表 4-9　转盘钻降斜钻具组合稳定器安装高度

降斜钻具组合基本形式	稳定器安装高度/m	
	L_1	L_2
强降斜	9.0～27.0	—
中等降斜	9.0～27.0	9.0～10.0
弱降斜	0.8～1.0	18.0～27.0

（2）设计降斜钻具主要是保证稳定器以下的钻柱在所施加的钻压下，不与井壁接触，以获得降斜力，达到降斜的目的。

（3）调整侧向力的方法：

① 调整稳定器以下钻具长度和重量；

② 调节稳定器的直径；

③ 调整钻压。

（4）在井斜角小于 30°或井径大于 311.2 mm 时，一般采用单稳定器强降斜组合。

（5）在井斜角大于 30°或井径大于 311.2 mm 时，一般采用双稳定器强降斜组合，这样可使井眼轨迹变化较平缓。

（6）如采用钟摆钻具降斜效果不好时，可采用井底动力钻具强力降斜。

4.4.4.6　稳定器的要求

（1）定向井稳定器的选择：在软地层中，一般选用支撑面较宽、扶正条较长、过水断面积较大的三螺旋稳定器，在硬地层中应选用支撑面较窄、扶正条较短的螺旋稳定器。

（2）稳定器与钻头的直径差值：一般近钻头稳定器的外径磨损不大于 2 mm，第二个稳定器外径磨损不大于 4 mm，其他稳定器外径磨损不大于 6 mm。在不同的钻井工艺条件下，上述差值可稍有变化。

4.4.4.7 随钻震击器的安装位置

（1）随钻震击器上部的钻柱外径,应不大于随钻震击器的外径。在保证震击器正常工作条件下,尽可能靠近下部钻具组合,而其上部应有小尺寸钻铤提供震击力。

（2）随钻震击器如果安放在钻铤之上,应在震击器上部再加 3～5 柱加重钻杆。

4.5 定向井和水平井钻头

4.5.1 定向井钻头

西南石油大学和成都为一石油科技有限公司研制了一种定向钻井金刚石钻头,如图 4-21 所示,包括钻头体、钻头体上的固定刀翼、牙轮、水力结构等,固定刀翼上有切削齿,牙轮上有牙齿。其特征在于:至少有一个固定刀翼上设置有一个或数个凹槽,凹槽内设置有牙轮,牙轮与固定刀翼形成转动连接。这样的结构在减小钻头扭矩、提高钻头工具面稳定性的同时,可提高钻头的工作安全性,减小甚至避免运动部件掉落井底情况的发生,并扩大钻头切削结构及水力结构的可用空间。

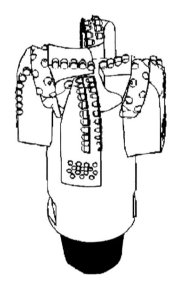

图 4-21 定向钻井金刚石钻头

四川川石·克锐达金刚石钻头有限公司研制了一种适用于定向钻井的 PDC 钻头,如图 4-22 所示,包括钻头基体,钻头基体表面设有若干刀翼,刀翼上设有若干金刚石切削齿,相邻刀翼的间隙处设有排屑槽,排屑槽上设有若干喷嘴。其特征在于:金刚石切削齿为屋脊状。本钻头能够解决传统圆形复合片钻头在定向钻井中造斜困难、工具面控制能力差、机械钻速慢的问题。

成都迪普金刚石钻头有限责任公司研制了一种用于定向钻井的钻头,如图 4-23 所示,在不牺牲常规定向钻头工具面稳定性的前提下提高钻头的造斜效率。其技术方案为:钻头本体冠部的外表面上分布有多条刀翼,每条刀翼上均安装有主切削单元和副切削单元;相邻

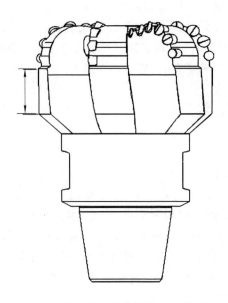

图 4-22 定向钻井 PDC 钻头

两条刀翼之间形成排屑槽,排屑槽内设置有安装在钻头本体上的水孔喷嘴;刀翼肩部上方的保径为阶梯式保径。本钻头适用于石油天然气、地质勘探过程中的定向钻井。

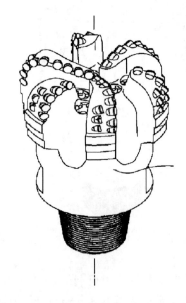

图 4-23 高造斜效率的定向井钻头

4.5.2 水平井钻头

中国石油大学对水平井钻头进行了优化设计。

PDC 钻头因其机械钻速高、寿命长等特点在直井和定向井中得到广泛应用。但水平井不同于普通直井、定向井的钻压传递特性以及岩屑形成排出机制;钻头的导向能力和所受侧向载荷也不同于直井和定向井;钻头保径易磨损,导向能力要求更高,钻头所受冲击载荷更大。这就要求水平井 PDC 钻头有不同的设计侧重点。

(1) 冠部形状

冠部形状对破岩效率、切削齿磨损、钻头导向能力有明显影响。PDC 钻头的冠部剖面一般由内锥、冠顶、外锥等组成,如图 4-24 所示。浅内锥的特点:导向性好,攻击效果好,清洗效果好。深内锥的特点:较高的稳定性,中心区域的金刚石覆盖区域大,适合在硬及夹层多的地层中使用。大的冠顶圆半径能达到很好的抗冲击能力,适合硬及夹层多的地层钻进;小的冠顶圆半径可在切削齿上形成较高的点式冲击,适合于软且均质性好的地层,可得到较高的机械钻速。大的冠顶旋转半径给冠部提供更大的冠面面积,从而得到更好的抗冲击能力,适合比较硬的地层;小的冠顶旋转半径可提供给外锥更大的表面积和布齿密度,适合软但研磨性强的地层。

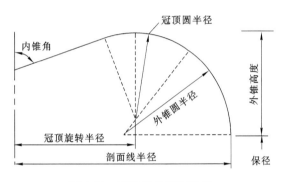

图 4-24　PDC 钻头剖面形状

水平井 PDC 钻头首先要满足导向性要求,宜选用浅内锥、短外锥的剖面形状。同时水平井作业时,切削齿受到较大冲击载荷,宜增大冠顶圆半径以增强钻头的抗冲击性。

(2) 切削齿设计及力平衡问题

切削齿的尺寸和后倾角等参数直接影响破岩效率。通过试验,对可钻性 5 级的砂岩,直径 16 mm 的切削齿破岩效率最高,本钻头主切削齿选择 16 mm×13 mm 的 PDC 复合片。考虑到钻头齿耐磨性和抗冲击性,钻头切削齿采用 15°后倾角。同时,采用金刚石孕镶齿作为备用切削齿,与主切削齿同轨设计,用来增强钻头的耐磨性,并减轻扭矩波动,提高工具面稳定性。通过对切削齿的优化布置,把侧向不平衡力控制在钻压的 1.65% 以内。

(3) 保径设计

保径块长度增加,导向性显著降低。减小保径块长度,不利于钻头的稳定性和井眼质量。设计保径块的长度 60 mm,宽度 35 mm。如图 4-25 所示,本钻头采用了主动保径齿＋低摩擦保径块的加强型保径设计。同时,钻头有良好的回扩能力,安装了倒划眼齿。

(4) 水力设计

通过增加刀刃高度、减少宽度,钻头本体和井壁之间的过流面积大大增加,岩屑可以更加自如地进入环控,然后离开切削结构,从而提高机械钻速。通过计算流体动态模拟钻头处的流态,确定水眼位置和方向,减少流体在钻头面的二次循环,确保高效清洁岩屑、消除钻头泥包和水眼堵塞。通过设计钻头刀刃轮廓角度,优化流体在钻头处、钻头中及钻头上部的流

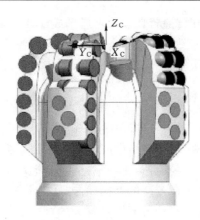

图 4-25　保径设计

动,减少携带岩屑的泥浆对钻头的冲蚀。钻头面处的水力条件稳定性提高、震动减少。经过水力计算,选用直径 13 mm 和直径 11 mm 的 3 个喷嘴,喷嘴为非对称布置。水力设计如图 4-26所示。

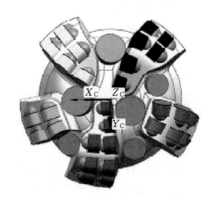

图 4-26　水力设计

试验:在鄂尔多斯盆地长 9 段地层中的实钻结果表明,比普通钻头进尺提高了 193%,机械钻速提高了 132%。

4.6　定向钻井施工安全措施

(1) 防止压差卡钻

在定向钻井中,斜靠在井壁上的钻具与井壁的接触面积大,作用在井壁上的正压力也增大,导致钻具与井壁间的摩擦力增大,采用具有良好润滑性能的钻井液是防止压差卡钻的一项重要措施。

(2) 预防键槽卡钻

定向井在钻井或起、下钻过程中,钻具长时间拉磨井壁,容易形成键槽。

① 在井眼曲率比较大的井段,定期下入键槽破坏器,破坏键槽。

② 认真记录起下钻遇阻遇卡位置,结合测斜资料分析,判断键槽位置,提前破坏处理。

（3）其他类型的卡钻及预防

① 钻具组合变换时，应严格控制下放速度，遇阻不得硬压。用刚性小的钻具组合钻出的井段，在改换刚性强的钻具组合以前，应先用刚性适中的钻具组合通井划眼后，再下入刚性强的钻具组合。

② 定向井应有良好的净化系统，至少配备三级净化准备。钻井液含砂量不大于0.5%。

③ 优化钻井液性能，提高携砂能力，保持井眼干净，防止砂卡。

（4）其他安全钻井措施

① 定向井使用的钻具，应比相同井深的直井强度高一级，防止高扭矩造成钻具事故。

② 使用PDC钻头或其他高效能钻头钻井，根据井下实际情况，每钻进一段进尺，应进行一次短起、下钻，防止起钻抽吸，发生复杂情况。

③ 钻具下井前，用通径规通一遍，确保测量仪器顺利下井。

5　平邑石膏矿坍塌救人

5.1　事故概况

2015 年 12 月 25 日 7 时 56 分,平邑县保太镇境内万枣石膏矿区发生采空区坍塌,该区域内平邑县玉荣商贸有限公司玉荣石膏矿井下作业的 29 名矿工被困。经全力救援,截至 2016 年 2 月 6 日,有 15 人获救升井,其中:事故发生当天救出 10 人,第二天零时救出 1 人,通过钻井打孔方式,从井下 215 m 深处成功救出 4 人。1 人死亡,13 人失踪。

报告显示,事故发生的直接原因是,万枣石膏矿采空区经多年风化、蠕变,采场顶板垮塌不断扩展,使上覆巨厚石灰岩悬露面积不断增大,超过极限跨度后突然断裂,灰岩层积聚的弹性能瞬间释放形成矿震(国家地震测报震级 4.0 级),引发相邻玉荣石膏矿上覆石灰岩垮塌,井巷工程区域性破坏。

5.1.1　矿山概况

塌陷区为万枣、玉荣石膏矿的采空区。万枣石膏矿:矿区面积 0.225 6 km²,开采标高 +115～-110 m,为待整合矿山。玉荣石膏矿:矿区面积 2.632 6 km²,开采标高 +120～-332 m。与万庄石膏矿整合为一个采矿权,设计生产规模 40 万 t/a。至 2014 年底,矿山保有储量 6 545 万 t,剩余服务年限 50 a。矿山采用地下开采、竖井开拓方式,已建有竖井 4 条,自西向东分别为 Ⅲ 号、Ⅴ 号、Ⅳ 号、Ⅰ 号井。其中,受困人员所在的 Ⅳ 号井,井深 227 m,主要为提升矿石和物料、升降人员、进风。

矿山主采矿层为 Ⅲ 矿层,平均厚 14.40 m。井下生产采用单水平上下山布置,平巷运输采用人工推矿车运输,上下山运输采用调度绞车提升运输。玉荣石膏矿采空区面积 330 300 m²,万枣采空区面积 225 600 m²。

5.1.2　救援概述

在井下巷道中采取先掘后支护再救援的办法实施巷道掘进救援,共修复通道 350 m,营救出 11 名被困矿工,并发现一具遇难矿工遗体。由于井下大面积坍塌,巷道水位不断上升,救援人员安全难以保障,被迫停止井下救援。2015 年 12 月 26 日上午,原国家安全生产监督管理总局矿山应急救援指挥中心领导及专家与现场指挥部研究决定,实施地面钻孔救援方案。

先后从地面进行了 7 个救生钻孔作业,见图 5-1。其中有 4 个钻孔为小直径钻孔(1#、2#、6#、7#),目的是搜救被困人员,维持生命;3 个钻孔为大直径钻孔(3#、4#、5#),目的是形成逃生通道。最终,通过 2# 小直径钻孔找到了 4 名被困矿工,通过 5# 大直径钻孔将 4 名矿工成功救出。

图 5-1　救援孔分布图

1# 未探测到有被困人员;2# 探测到被困人员,并输送给养及通信设备等;3# 大口径救生钻孔由于地层坍塌破碎,钻进 15 m 停止并放弃;4# 大口径救生钻孔钻进 178 m 结束(5# 已完成救生目的,所以结束 4# 钻进);5# 大口径救生钻孔钻进 220 m 并最终完成救人任务;6# 未探测到被困人员;7 号小口径钻孔探测到被困人员,并输送给养及通信设备等。

5.2　生命通道施工

5.2.1　矿区地层概况

地表有 1~2 m 耕植土,下伏 5~10 m 紫红和黄色分化层,基岩为奥陶系石灰岩地层,岩溶裂隙发育,存在溶洞,溶洞充填物为稀黄泥。120~207 m 为砂质泥岩,地层较破碎,中间部位有薄层石膏体,夹泥质灰岩层。207 m 以深到巷道底部 225 m 为石膏矿体地层。见表 5-1。

表 5-1　地层概况

厚度/m	岩层	特点	复杂提示
1~2	冲积层		
5~10	紫红和黄色分化层		
110	石灰岩层	含三层溶洞层	易漏、易涌水、易卡埋钻、易斜
87	砂质泥岩、薄层石膏、泥质灰岩	地层破碎,易垮塌	易垮塌、易卡埋钻、易斜
20	泥岩石膏互层		

地层倾向北偏东 30°、倾角 8~10°,巷道呈东西走向。

5.2.2　井身结构

山东省煤田地质局第二勘探队救援中心完成的 2#、6# 生命通道,其井身结构见表 5-2。

表 5-2　2#、6# 生命通道井身结构

井号	一开	二开	三开	一开套管	二开套管
2#	ϕ311.15 mm ×10.09 m	ϕ215.9 mm ×210.28 m	ϕ152.4 mm ×221.88 m	ϕ244.5 mm × 9.75 m	ϕ177.8 mm × 210.28 m
6#	ϕ311.15 mm ×10.50 m	ϕ215.9 mm ×207.00 m	ϕ152.4 mm ×219.60 m	ϕ244.5 mm × 10.26 m	ϕ177.8 mm × 207.00 m

5.2.3 钻探设备

5.2.3.1 钻机选型

钻机选型:要求钻机带顶驱。带顶驱的优点:① 加减尺时间短,有效防止因加减尺时间过长、地层不稳定造成的埋卡钻;② 没有立轴,钻杆即是主动钻杆,孔内遇阻不受转盘限制时,方便划眼。

5.2.3.2 空压机的使用

施工中选用了进尺快、钻效高的空气潜孔锤钻井工艺技术,而且比平时增加了一台空压机,两台空压机并联,增大送风量。风量大使空气潜孔锤在钻进时,潜孔锤频率高,岩石更加破碎、颗粒更小,岩粉上返快,孔底干净,钻效高;在钻遇溶洞时,虽然孔口不返岩粉,由于风量大、风速高,岩粉进入溶洞距离远,不容易在井眼附近形成岩屑床,有效地防止了停风时溶洞处的岩屑回流造成埋、卡钻事故。生命通道钻进所用设备见表5-3。

表 5-3 生命通道钻进所用设备

序号	设备名称	设备型号	台套	备注
1	钻机	T685WS	1	
2	空压机	1150XH	1	
3	空压机	1070XH	1	
4	钻具	ϕ114 mm	320 m	
5	无磁钻铤	ϕ159 mm	1	
6	高压管	2.5in	5	
7	冲击器	HD85	5	
8	冲击器	HD55	5	
9	潜孔锤锤头	ϕ311.15 mm	5	
10	潜孔锤锤头	ϕ215.9 mm	5	
11	潜孔锤锤头	ϕ152.4 mm	3	
12	测斜仪	电子单点	1	
13	测斜仪	电子多点	1	
14	钻机	T130XD	1	

5.2.4 钻井参数

钻遇溶洞时,采用小钻压钻进,钻压控制在 $2\sim5$ kN,降低钻进速度,防止溶洞内的沉积物埋、卡钻,并防止溶洞底部偏斜引起孔斜度陡然增加。

5.2.5 井眼轨迹控制

5.2.5.1 开孔前依据偏斜规律对钻孔重新定位

井眼轨迹就是一条螺旋空间曲线,必须对井眼轨迹进行精确控制,保证井底位移量不大于 1.00 m,才能保证准确透巷。首先开孔定位就要通过了解本区的地质、地层情况,依照以往的钻孔偏斜规律,估算钻孔的偏斜量。在钻孔偏斜的相反方向,从已经定位的井位点移动一段距离开孔。

石膏矿场区地质概况:地层倾向北偏东 30°、倾角 8°～10°,巷道呈东西走向。在钻进的过程中地层倾角小于 30°时,使用空气潜孔锤钻进。因为加压小,200 m 的孔深其孔斜很少大于 1°,经估算确定 2# 孔向正北方向移动 0.45 m 开孔。

5.2.5.2　钻进中的防斜措施

钻具组合:选用防斜效果比较好的塔式钻具,并且加粗钻铤,钻铤质量 6 t 左右,有利于防斜、降斜。

钻井工艺:选用空气潜孔锤钻进工艺,钻进中岩石发生体积破碎,进尺快、时效高,使用的钻压小,钻孔不易偏斜。

钻进参数:选用小钻压,钻压控制在 3～10 kN,有利于防斜。

5.2.5.3　纠斜措施

测斜:每 50 m 测斜一次。发现井斜偏大时,加密测斜。如有需要可以接单根时,测量一次井斜。

纠斜:发现井斜偏大,且孔底位移也偏大时,及时采取轻压吊打等施工工艺措施,降孔斜,控制轨迹偏斜位移。

5.2.5.4　测斜数据

2# 孔井底位移偏南 0.67 m,开孔向北移位 0.45 m,实际孔口偏移约 0.3 m,准确透巷。

6# 孔井底位移 0.60 m,准确透巷。

为了控制井斜,增加钻铤数量,并加强划眼,加密测斜,监测井眼变化,及时调整钻进参数,确保入巷成功。2#、6# 孔钻井测斜数据见表 5-4。

表 5-4　2#、6# 孔钻井测斜设备及测斜数据

设备名称	设备数量	测斜点数	2# 孔测斜			6# 孔测斜		
			井深	井斜	磁方位	井深	井斜	磁方位
电子单点测斜仪	1套	6	50	0.7	192.5	50	0.6	88.7
			80	0.7	106.3	80	0.5	93.4
			110	0.5	152.6	110	0.4	96.7
			140	0.5	115.4	140	0.5	105.4
			170	0.7	185.6	170	0.6	145.6
			200	0.2	218.2	200	0.2	65.3
电子多点测斜仪	1套	21	24.17	0.66	186.09	14.57	0.51	104.14
			33.54	0.33	184.57	24.06	0.41	84.05
			42.84	0.14	218.52	33.12	0.4	83.22
			51.74	0.64	181.98	42.17	0.4	80.33
			61.02	0.73	167.82	51.24	0.59	88.59
			70.1	0.73	123.76	60.3	0.63	83.41

表 5-4(续)

设备名称	设备数量	测斜点数	2#孔测斜			6#孔测斜		
			井深	井斜	磁方位	井深	井斜	磁方位
电子多点测斜仪	1套	21	79.05	0.66	106.09	69.36	0.36	89.59
			88.21	0.64	101.48	78.51	0.48	92.28
			97.28	0.64	97.61	87.58	0.66	86.37
			106.33	0.89	137.43	96.67	0.79	95.29
			115.4	0.63	186.34	105.67	0.54	102.17
			124.27	0.89	141.26	114.72	0.25	88.69
			133.34	0.77	116.82	123.75	0.73	93.11
			142.4	0.27	114.66	132.87	0.36	87.47
			151.35	0.14	98.05	141.96	0.47	103.55
			160.39	0.56	212.95	151.03	0.95	88.77
			169.48	0.66	185.61	159.86	0.85	138.54
			178.49	0.64	159.49	168.81	0.53	144.35
			187.56	0.52	131.72	177.89	0.48	85.49
			196.62	0.57	157.07	186.95	0.32	174.35
			205.68	0.1	230.7	196.01	0.23	64.19

5.2.5.5　施工结果对比

2#、6#两个通道均成井顺利,透巷成功。而救援现场的其他队伍在钻进中均发生卡钻事故,1#孔二开直接钻进至透巷即卡钻,4#孔卡钻,5#孔红砂岩砾石层卡钻。相邻的4#孔施工因井斜超标填井多次,5#孔偏巷0.8 m,井底位移3.0 m,通过人工开挖的方式和巷道打通。

5.2.6　止水工艺

采用膨胀橡胶隔水密封带。吸水膨胀橡胶隔水密封带的特点是:以橡胶为主载体,加入新型高分子膨胀材料混炼加工而成,吸水后体积膨胀倍率为1 600%(体积膨胀16倍)。此为止水工艺的新突破,既节约了宝贵的救援时间,又取得了良好的止水效果,如图5-2所示。

图 5-2　膨胀橡胶止水

5.2.7 2# 生命通道的施工过程

2# 生命通道于 2015 年 12 月 27 日 12：00 开钻，使用 ϕ311.15 mm 空气潜孔锤钻头一开钻进，钻至 10.09 m 后，下入 ϕ244.5 mm 套管 9.75 m。二开使用 ϕ215.9 mm 潜孔锤钻头钻进，孔深 22.00 m 处，孔内返出的岩粉潮湿，孔深 39.00 m 钻遇溶洞跑空，孔口返水，水量约 15 m³/h；孔深 75.10 m 再次钻遇溶洞跑空，此后孔内不返水，同时岩粉不上返。于 2015 年 12 月 29 日成功钻穿含三层溶洞的灰岩地层和易垮塌、胶结性差、富含砾石的红砂岩层，至井深 210.28 m，距离巷道顶 10 m 左右停止钻进。

向救援指挥部建议：为防止透巷后造成水患，并方便和被困矿工联络、投送救援物资，先下套管，通过止水，隔离地层上部的灰岩溶洞水后再透巷。指挥部接受了建议。于是提钻下套管，套管下端缠膨胀橡胶带，投黏土球止水。向套管内注水，压入空气清洗井筒。三开于 2015 年 12 月 30 日 5：00 井深 219.08 m 透巷。通过可视生命探测仪发现被困 4 名矿工。

5.3 救生通道施工

5.3.1 井身结构

按照国家救援队伍建设装备配备设计，一开人工挖掘孔口直径 ϕ1 000 mm，深 1 m，下 ϕ800 mm 护筒。二开用 ϕ711 mm 潜孔锤钻到 205 m，下 ϕ660 mm 套管固井，最后 15 m 地层用 ϕ600 mm 钻头透巷完井，再使用 ϕ600 mm 救生舱从钻孔将被困人员提出孔外。在具体施工中，由于地层原因，这一方案在一开和二开中地层坍塌受阻，未能达到目的。

井身结构变更为（图 5-3）：

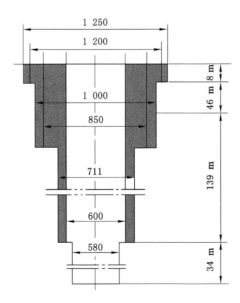

图 5-3　救生通道井身结构

针对地表 5 m 左右的黄土泥沙层和 3 m 左右基岩分化层等情况,一开:采用旋挖钻机钻进 $\phi1\,250$ mm、深 8 m 的孔口,下 $\phi1200$ mm 护壁管;二开:继续用旋挖钻机钻进 $\phi1\,000$ mm、深度到 54 m,下 $\phi850$ mm 套管固井;三开:采用 $\phi711$ mm 潜孔锤钻头,深度到 195 m,下 $\phi600$ mm 套管,下深 185 m,固井;四开:采用 $\phi580$ mm 潜孔锤直接打到底,结果由于没有打导向孔,$\phi580$ mm 孔段未直接透巷,在井下被困人员的配合下施工找到救生孔。因 $\phi580$ mm 孔段无法再下护壁套管,只得采用绳索提拉方式升井。

5.3.2 钻具组合

钻具组合见表 5-5。

表 5-5 钻具组合

一 开	$\phi1\,250$ mm 旋挖钻头,接 $\phi316$ mm 钻杆,钻压 100 kN
二 开	$\phi1\,000$ mm 旋挖钻头,接 $\phi316$ mm 旋转钻杆,钻压 150 kN
三 开	$\phi711$ mm 潜孔锤钻头＋$\phi680$ mm 扶正器＋$\phi279$ mm 双壁钻铤＋$\phi219$ mm 双壁钻杆＋空气反循环动力头
四 开	$\phi580$ mm 潜孔锤钻头＋$\phi279$ mm 双壁钻铤＋$\phi219$ mm 双壁钻杆＋空气反循环动力头

使用 5 台 30 m³ 的空压机,同时配套使用泡沫泵以 12 L/min 的速度向空气中注入泡沫剂。

钻机是宝峨 RB-T90 型钻机。

5.3.3 砂卡的预防与处理

在空气潜孔锤反循环钻进过程中,地层垮塌造成岩粉岩屑大量聚集,循环系统空气压力、双壁钻杆内管排渣出现脉动现象,一旦内管的岩粉回落,憋压不能建立起循环,就造成砂卡。

5.3.3.1 砂卡的原因

(1)地层的原因

胶结性差,富含大块的砂砾石、易垮塌的砂岩地层是造成砂卡的源头。

(2)施工工艺的原因

由于钻进中不能把大块的砂砾石破碎至可以携带至孔口的粒度;风量、风速、风压不能满足携渣的要求,循环系统内的压力、排渣脉动,砂砾石回落速度过快、过度集中。

(3)操作的原因

钻进至易砂卡地层,盲目抢进尺,没有有效地控制钻进速度,孔底岩粉不能及时清除,造成沉积,排渣困难,造成砂卡。

5.3.3.2 砂卡的预防

(1)加强地层分析

充分了解地层,在钻进至易砂卡地层前,召集技术人员、钻机人员及其他相关人员对垮塌地层施工方法开展针对性的研究,提出科学的施工方案,减少或避免砂卡事故的发生。

（2）空气反循环钻进时的钻孔密闭、阻风环的安放位置

空气反循环钻进时环状间隙的密封是建立空气反循环的必备条件,这种密封由钻具上组装的阻风环实现,其严密程度是空气反循环能否成功的关键。阻风环封闭的严密程度取决于阻风环橡胶和孔壁的结合紧密度,因此阻风环安放位置的孔壁应完整、平滑、不超径。破碎垮塌的地层由于超径,阻风环和孔壁之间有缝隙,造成风量损失,风压下降,岩粉不能正常上返,严重时造成砂卡甚至卡、埋钻。补救措施是在钻孔上部完整的地层增加第二层阻风环,实现对下部第一层阻风环漏风二次封闭,确保反循环实现。

（3）防止砂卡的操作

① 钻进垮塌的砂砾岩地层时,要求放慢进尺速度。

② 注意观察岩粉的上返情况、钻具提拉时的阻力变化、钻具提离孔底后能否顺利下放至孔底,推断出孔底岩粉残留的多少。

③ 岩粉残留多时,可增加并联空压机数量,增大送风量,上下多划眼,并加入有一定黏度的泡沫剂(为了减少和避免砂卡,特意从胜利油田钻井公司调来 $100\ m^3$ 泥浆,作为黏稠的岩粉清扫液)等办法把孔底岩粉携带至地面。

④ 遇到因地层不完整、地层垮塌、阻风环封闭不严而导致的井口返风现象时,必须采取阻风环上移或者是在上部增加第二次阻风环的方式,确保密闭良好。

5.3.3.3　砂卡的处理

救援现场 5# 孔出现了砂卡。当钻进到 174 m 时 ,矿井再次大面积坍塌 ,导致钻孔 160 m 处的地层裂隙带轰然坍塌 ,发生了严重的埋钻事故 ,钻头埋深 14 m 左右 ,经反复提升钻具未果 ,采取了气举反循环钻进工艺处理被埋大口径钻头。气举反循环钻进工艺示意图如图 5-4 所示。

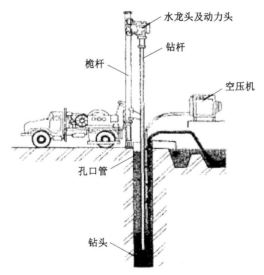

图 5-4　气举反循环钻进工艺示意图

在钻孔中安装一根直径 50 mm、长度 162 m 的混合出渣金属管路 ,一根 $\phi25$ mm 的高压橡胶管路,并在金属管头 4 m 位置开口与橡胶管焊接连通 ,在钻孔内注入清水,与沉淀池形成水力循环工作程序。并用注浆泵经 $\phi50$ mm 钻杆向孔内注入高压水流冲起沉渣,抽渣

达到一定效果后活动钻具解卡,解决了埋钻事故。

5.3.4 救生通道的贯通

在 5# 救生通道解除砂卡后,为保证井壁的安全,需要下套管,水泥固井,封闭不稳定地层和含水层。5# 救生通道在下大口径套管前召集的专家论证会上,有人提出了缩减大口径套管下入前的通井环节,原因有三:① 在钻进施工中,满眼的钻铤和扶正器加得多,刚性段长,刚性强,钻孔垂直度高,并保持直线状态,有利于套管的下入;② 顺孔需要约 20 h,耽搁时间太长;③ 顺孔器需要焊接,镶焊合金的扶正块有一定的挤夹风险。经专家讨论,接受了意见。实际下管过程非常顺利,节约了宝贵时间。

四开孔径 580 mm,先采用了空气正循环钻进工艺。为了提高携带岩粉的能力,需要加入泡沫剂,但现场没有泡沫剂,临时采购时间长,故采用洗洁精作为泡沫剂。加入稀释的洗洁精后,发泡效果明显,携带岩粉能力增强。但在测量孔内水位时,因孔内残留泡沫的干扰,无法实现,改用医务人员的听诊器协助判断水位的办法,准确地判测了水位。否定了因套管封固不严而向孔内渗水的判断,为实施人工透巷增强了信心。

由于钻孔未能与巷道直接贯通,在进行定位工作的同时从 7# 救援孔向井下送入工具,由被困人员从巷道向钻孔凿进 0.80 m 后贯通,鉴于孔壁的持续坍塌掉块,为了确保所施工的救生孔的安全,指挥部决定下入 ϕ508 mm 套管至 205 m 石膏矿体层,建立起安全救生通道,顺利救出了 4 名被困矿工(图 5-5)。世界第三例、亚洲首例地面大口径钻孔救援成功。

图 5-5 被困矿工升井

6　某煤矿 632 综放工作面堵水工程

6.1　工程概况

6.1.1　矿井概况

矿井坐标为东经 116°30′51″～116°34′38″,北纬 35°35′23″～35°39′00″。井田北界在纬线 3947000 线附近,西界为 DF$_2$ 断层,南界为唐阳断层,东界为徐学庄断层、DF5 断层、辛庄断层、岩浆岩侵入边界投影线,大致为一长方形,面积 18.063 9 km^2。该矿为地方国有煤矿。1998 年 7 月 28 日动工建设,2000 年 12 月 31 日经山东省煤炭工业局批准开始试生产,主采 3$^\#$ 煤层。矿井设计生产能力 45 万 t/年,2003 年核定生产能力为 100 万 t/年。开拓方式为竖井开拓,走向长壁式采煤方法,分层炮采和综放开采工艺,全部垮落法管理顶板。矿井正常涌水量为 98 m^3/h,主要是 3 砂水。

本矿地层自上而下分别为第四系、侏罗系、二叠系、石炭系和奥陶系,含煤岩系为石炭-二叠系。整体表现为一不对称的复式向斜构造,地层走向多变,总体上向东倾斜,倾角一般为 5°～20°。矿区内断裂构造、次级褶曲较发育,地质构造复杂程度属于中等。燕山期的岩浆岩分布在本区中部,以顺层侵入方式为主,矿井内侵入层位为 16$^\#$、17$^\#$ 煤,对煤层的破坏作用较大,使煤层变薄、变质或被吞蚀。

井田含可采煤层 4 层(2$^\#$、3$^\#$、16$^\#$ 和 17$^\#$ 煤层)。2$^\#$ 煤层厚 0～1.60 m,平均 0.63 m,属局部可采的极不稳定煤层。3$^\#$ 煤层厚度大且稳定,厚 1.19～6.86 m,平均 4.91 m,煤层结构较简单,属全区可采的稳定煤层,3$^\#$ 煤层为本矿主采煤层。16$^\#$ 煤层厚 0.40～2.18 m,平均 1.18 m,煤层结构较简单,属全区大部可采的较稳定煤层。17$^\#$ 煤层厚 0.20～1.82 m,平均 0.99 m,煤层结构简单,属全区大部可采的不稳定煤层。

3$^\#$ 煤层以气煤为主,是优质动力燃料用煤。16$^\#$、17$^\#$ 煤为气肥煤,在井田西北部受岩浆岩侵入的影响,形成天然焦。

6.1.2　水文地质条件

该煤矿位于鲁西南断陷区水文地质单元的西北部,单元边界北起郓城断层和长沟断层,南至凫山断层,西起嘉祥断层,东至峄山断层。边界断层中,嘉祥断层和凫山断层与奥陶系、寒武系石灰岩接触,构成侧向补给边界,郓城断层和峄山断层封闭良好,构成隔水边界。区域构造对岩溶水起着明显的控制作用,控制了含水构造的形成和水文地质单元的划分。单元内有独立的补给、径流和排泄区。

汶上-宁阳煤田对煤矿生产有影响的主要含水层有(自上而下):新生界松散孔隙含水层(组),侏罗系底部砾岩、砂岩裂隙含水层(段),二叠系山西组 $3^{\#}$ 煤顶板砂岩裂隙含水层(段),石炭系太原组第三、十下灰岩岩溶裂隙含水层(段),奥陶系石灰岩岩溶裂隙承压含水层。其中,山西组 $3^{\#}$ 煤顶板砂岩裂隙含水层是开采 $2^{\#}$、$3^{\#}$ 煤层的直接充水含水层,太原组三灰岩溶裂隙含水层是间接充水含水层;十下灰岩岩溶裂隙含水层是开采 $16^{\#}$ 煤层的直接充水含水层。上述含水层除煤系基底奥灰(尤其浅部)外,其余含水层水皆以静储量为主,补给、径流、排泄条件均不良。

6.1.2.1 主要含水层特征

(1)新生界松散层含水层(段):厚 16～297.97 m,厚度变化规律为由东向西增厚,根据岩性组合特征及垂直剖面对比,该含水层段可划分为四个含水层(组)和三个隔水层(组)。第一、第二、第三含水层(组)富水中等～强,因第三隔水层(组)的存在,一般不构成矿井充水水源。第一、第二含水层(组)往往是区内城镇、农村的工业和生活水源。第四含水层(组)在井田局部直接覆盖在煤系地层之上,因零星分布,厚度小,富水性弱,对开采矿床影响较小。

(2)侏罗系上统红色底砾岩、砂岩裂隙含水层(段):在部分井田直接覆盖在石炭系-二叠系含煤地层之上,富水性弱～中等,为开采浅部煤层时矿井充水的补给水源之一。

(3)二叠系 $2^{\#}$、$3^{\#}$ 煤层顶部砂岩裂隙含水层(段):精查勘探时期在 28_3、26_1 两孔对其进行过抽水试验,原始水位标高为 $+32.82$～$+33.64$ m,单位涌水量 $q=0.013$～0.023 L/s·m,渗透系数 $K=0.039\,4$～$0.081\,4$ m/d,水质类型为 HCO_3^-·Cl^-—K^+·Na^+ 型水,矿化度 0.348～0.660 g/L。钻探时未发生大的漏水现象。抽水试验表明该含水层(段)含水不丰富,富水性较弱。

(4)太原组三灰岩溶裂隙含水层:三灰在全井田内发育,层位稳定,岩性致密,岩溶发育不均一。厚度 0.95～5.93 m,平均 3.86 m。精查钻探时 32_1 孔在三灰处漏水,经对三灰抽水试验,原始水位标高为 $+38.63$ m,单位涌水量 $q=0.003\,02$ L/(s·m),渗透系数 $K=0.084\,8$ m/d,水质类型为 HCO_3^-—K^+·Na^+ 型水,矿化度 0.470～0.695 g/L。抽水试验表明其富水性极弱。

(5)太原组十下灰岩溶裂隙含水层:十下灰在全井田内发育,层位稳定,岩性致密、坚硬,岩溶发育不均一。厚 3.47～6.50 m,平均 5.18 m。精查钻探时有三个孔(汶 103、北 1、32_1)在十下灰处漏水,经 33_1 孔对十下灰抽水试验显示原始水位标高为 $+33.72$ m,单位涌水量 $q=0.001\,77$ L/(s·m),渗透系数 $K=0.052$ m/d,水质类型为 Cl^-·SO_4^{2-}—Na^+·Ca^{2+} 型水,矿化度 3.347 g/L。抽水试验表明其富水性较弱。

(6)奥陶系石灰岩岩溶裂隙含水层:据区域资料,奥灰总厚度大于 800 m,本井田揭露最大厚度为 53.74 m,岩溶裂隙较发育。据精查勘探资料,有 4 孔漏水。经观 1 等孔对奥灰抽水试验,水位标高为 $+33.72$～$+32.68$ m,单位涌水量 $q=0.049$～0.132 L/s·m,渗透系数 $K=0.052$ m/d,水质类型为 Cl^-·SO_4^{2-}—Na^+·Ca^{2+} 型水,矿化度 3.347 g/L。抽水试验表明其富水性较弱。

6.1.2.2 地下水的来源和水力联系

新生界第一含水层主要靠大气降水和地表水垂直渗透补给,循环交替条件好,动态随季节变化大,主要排泄途径为蒸发或人工开采;第二、第三含水层以区域层间径流补给为主,在一隔和二隔部分薄弱地带,将构成一、二含和二、三含的越流补给关系;第四含水层受第三隔水层的影响,使其与上部地表水及一、二、三含地下水基本上无水力联系,但与基岩风、氧化带水有一定的水力联系。

3# 煤顶底板砂岩裂隙含水层渗透性弱,主要受区域层间径流补给,局部与太原组三灰间距较小或对口接触地带有可能接受三灰水补给,由于巷道的开挖和煤层的开采,砂岩裂隙水以突水、淋水和滴水的形式向矿坑排泄。太灰和奥灰岩溶裂隙含水层以各自的层间径流补给为主,但在局部灰岩对口接触地带有可能存在补给关系。

6.1.2.3 断层的导水性和隔水性

本矿井断层较多,落差大多为 50～200 m,有的大于 200 m,且多为张性断层,使得可采煤层的直接充水含水层与奥灰对口接触的间距有可能变小,奥灰水可能通过破碎带成为煤层开采的补给水源。

精查勘探时曾对唐阳断层、辛庄断层的导水性进行过专门抽水试验,试验结果显示唐阳断层属于导水断层,但导水性不是太强,辛庄断层的富水性和导水性较差。

从勘探揭露断层带的简易水文地质观测资料看,无冲洗液的漏失现象,说明在井田内断层的富水性和导水性较弱。但在开采过程中,因采动可能会破坏地下水的平衡,使断层的导水性发生改变,原来不导水或导水性弱的断层可能转变为导水断层。

6.1.3 突水经过

632 综放面位于矿区南部,距副井约 1 700 m,走向长 930 m,倾向长 162 m,煤层厚 5.5 m,可采储量 102 万 t。632 综放工作面北部以 DF5 断层为界与一采区相隔,南部是六采区深部未采部分,西部是 631 采空区,东部是 F30 断层及六采区深部未采部分。地面是农田,无建筑物,无常年积水。632 综放工作面总体为一单斜构造,靠近起采侧 360 m 又表现为一宽缓的向斜构造,煤层产状变化较大,总体走向大致为 310°～43°,倾向为 40°～133°,倾角为 8°～19°,平均 13°。工作面总体走势西高东低,最低点位于切眼内,接近轨道平巷处。

632 综放工作面位于 DF5 断层上盘,轨道平巷沿 DF5 断层延展方向布置,并对 DF5 断层留设了 70～140 m 的断层保护煤柱。为确保安全生产,632 综放工作面靠近 DF5 断层的 40 m 范围内采取了只采 2.4 m 不放顶煤的措施,以减少对 DF5 断层的扰动,确保安全生产。

632 综放工作面于 2009 年 3 月开始施工,2010 年 2 月形成工作面。2010 年 3 月 22 日开始安装 632 综放工作面,2010 年 4 月 3 日安装完工并起采。2010 年 4 月 29 日,该煤矿 3 煤 632 综放工作面推进 40 m 时,工作面初次来压,老塘后方出水,初始水量约 40 m³/h,并有增大的趋势,至 5 月 2 日 7 时,出水量达 300 m³/h,后出水量基本稳定在 400 m³/h。为确保矿井安全,分别在 63 皮带下山、63 轨道下山各打设一道 8.0 m 拦水墙将出水封堵在采空区内,如图 6-1 所示。

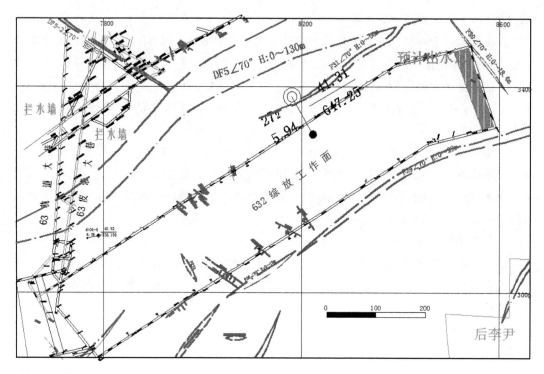

图 6-1　632 工作面突水平面示意图

　　为尽快治理水害并尽可能不破坏工作面中的综采设备,矿方与山东省煤田地质局第二勘探队共同商定,采用先进的 T130XD 车载钻机施工定向斜孔,注浆时应避开采空区。

6.2　钻井及注浆方案

6.2.1　堵水方案设计依据

　　(1) 寻找突水水源位置,针对突水水源位置进行封堵,从根源上解决采空区突水问题。

　　(2) 寻找突水通道,封堵突水通道,止住采空区涌水。

　　(3) 如果上述两个步骤均未达到堵水目的,则考虑直接针对采空区或两侧巷道进行注浆封堵,以解决附近采区回采问题。

6.2.2　注浆钻孔布置方案

　　方案 1:根据突水水源分析结合剖面分析,针对突水水源和突水通道,堵水区域选择在 DF5、F30 断层位于 3# 煤至奥灰之间断层破碎带及两断层交汇处附近的破碎带或裂隙带,钻孔终孔靶点应位于奥灰顶界面之下 80 m 左右,设计堵水定向多分支钻孔 3 个(注1、注2、注3),先进行注 1 孔施工,打直孔至奥灰 80 m 电测,查明断层破碎带位置、奥灰顶界面深度。在钻进过程中,如果上部出现漏水,采用黏土浆由稀到黏稠进行静压注浆,以止住钻孔漏水、不影响正常钻进为原则,如果奥灰中有大量漏失则进行扩孔下套管,套管下至采空区以下 20~30 m,防止压力注浆时压透采空区。然后进行压力注浆封堵,同时通过水闸墙水闸阀观察水量及水压变化情况,通过奥灰水文观测孔观测奥灰水位变化情况,以判断注浆堵水效果。如果堵水效果不明显,施工到预计靶点位置停止,并对下部孔段进行封闭;在本孔适当部位沿查明的 DF5 断层破碎带底部尽可能多地施工定向分支井,在 DF5 断层破碎带与奥灰接触部位寻找突水水源及通道,同时施工注 2 孔支 1 定向井,遇突水水源或突水通道后即进行压力注浆堵水。若两孔同时找到突水水源或突水通道,则采用两孔联合注浆,以达到最佳堵水效果;若没有同时发现突水水源或突水通道,则一孔压力注浆,一孔观测注浆效果,如果有联通则同时注浆。定向分支井可视堵水效果尽可能多打分支或少打分支,即工程量根据堵水效果进行适当调整。注 3 孔可作为机动孔,视注 1 孔、注 2 孔注浆堵水效果,研究确定是否施工。

方案 2:方案 1 执行完毕后如果没有找到漏水点,没有达到堵水目的,则执行直接针对皮带巷和轨道巷的注浆封堵,将水全部封堵在整个采空区内。设计施工 2 个定位钻孔(注 4、注 5),钻孔终孔位置分别在皮带巷和轨道巷顶部。

图 6-2 所示为 632 工作面注浆堵水钻孔工程布置图。

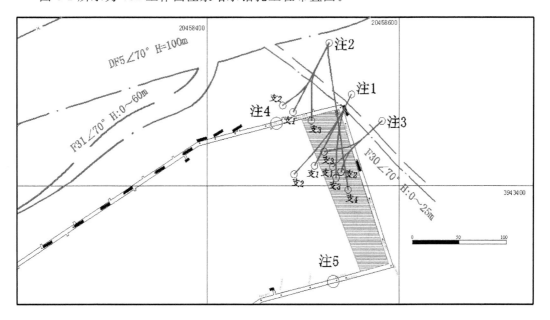

图 6-2　632 工作面注浆堵水钻孔工程布置图

6.2.3　设计钻探工程量

该工程初步预计施工堵水钻孔 3 个,在 1、2、3 线各布置一个钻孔,先施工 1 线钻孔,主孔施工时漏水即开始注浆,施工到预计靶点位置停止,并对下部孔段进行封闭,然后通过水闸墙水闸阀观察水量及水压变化情况,如果水量未明显变小,则在本孔下部再造分支斜孔,进行注浆,施工到预定位置封堵,再观测水量水压变化情况,确定是否再施工第二个分支斜孔。1 线钻孔全部施工完后,根据水量水压情况确定是否施工 2 线、3 线钻孔,如果继续施工则先施工 3 线钻孔。方案 1 设计施工多分支定向井 3 个,即注 1、注 2、注 3 孔,其中注 3 孔为机动孔。方案 2 设计施工定位孔 2 个,即注 4、注 5 孔。各钻孔位置坐标及设计工程量见表 6-1。

表 6-1　钻孔设计情况一览表

方案	孔号		孔口坐标		工程量/m	备注
	主孔	分支	x	y		
方案1	注1		3 943 490	39 458 550	920	
		支1			245.97	
		支2			146.99	
		支3			159.73	
	注2	支1	3 943 540	39 458 527	843.30	
		支2			103.15	
		支3			142.00	
		支4			360.35	
	注3	支1	3 943 464	39 458 582	910.66	机动
		支2			121.94	
		支3			82.88	
方案2	注4		3 943 461	39 458 472	740	
	注5		3 943 306	39 458 531	708	
合计					5 484.97	

6.2.4　注浆工艺设计

6.2.4.1　浆液种类

暂定以水泥浆液为主体,可适当添加速凝早强剂。若注浆实施过程中受浆量很大时,不排除采用砂浆泵压注水泥砂浆液,或者采用特种水泥材料。

6.2.4.2　注浆方式

采用孔口压注的方式进行注浆。

6.2.4.3　注浆选用的主要工艺

(1)根据钻探揭示的实际地质及水文地质条件,对各孔的裸体段,可采取下行、大小间歇、复扫、复注的方式。

(2)依据注浆前压注水取得的水文地质参数,合理选择浆液浓度。

(3)当受浆量很大时,可改注水泥砂浆液或特种水泥液。

(4)水泥浆液中均添加最佳配比的 5/10 000 的三乙醇胺和 5/1 000 的工业盐作速凝早强剂。

(5)每次注浆前后,必须做压水试验。注浆前进行压水试验,以检查注浆机具及注浆管路的运行状态是否正常,并可以为确定注浆参数提供依据。注浆后进行压水试验,既可以清扫机具及管路,又为复扫复注提供条件。各孔钻探施工终孔后,注浆前要使用荧光红或荧光蓝进行连通试验。

(6)注浆前期均采用先稀后浓的水泥浆液注入,注浆后期均采用先浓后稀的水泥浆液,直至达到注浆结束标准。

6.2.4.4 注浆选用的主要参数

（1）单液水泥浆拟采用水灰比为 1.5：1～0.7：1。

（2）水泥砂浆拟采用水灰砂比为 1：1：（1～3）。

（3）注浆的终压标准选用静水压力的 2～2.5 倍，即 8～10 MPa。

（4）注浆终量控制在 40 L/min 以内。

（5）稳压、稳量的时间控制在 20 min 以内。

6.2.4.5 注浆过程中的有关要求

（1）注入的水泥浆液必须进行二次搅拌。

（2）根据压水试验取得的参数，确认注入水泥浆液的浓度，配制的浆液严格计量，确保浆液质量。

（3）为了确保浆液质量，必须配备密度计，经常测试浆液密度，发现异常及时调整。

（4）每次注浆结束，必须检修注浆泵，确保设备完好。

（5）应经常清理吸浆笼头和高压吸浆管，确保吸浆正常进行。

（6）地面注浆管路连接必须牢靠，确保安全施工。

（7）孔口加工与套管同径的闷管，闷管上安装压力表，以观测孔内受压状态，闷管同时还安装有三通装置，以便泄压。

（8）孔口与注浆泵之间可用 2 in 高压胶管连接。

6.2.4.6 主要注浆材料

（1）水泥：R42.5 标号的普通硅酸盐水泥，袋装或散装，若采用散装，必须用水泥罐。

（2）早强剂：三乙醇胺及工业盐。

（3）骨料：粉细砂至中砂。

（4）其他材料：特种水泥、连通试验用荧光粉。

6.2.4.7 注浆站设计

（1）钢板加工制作的立式搅拌机（直径 2.5 m×1.42 m＝7.00 m³）两台，做一级搅拌。电机为 6 kW。

（2）圆池形立式搅拌机（ϕ2.5 m×1.42 m）一台，作二级搅拌，电动机为 6 kW。

（3）潜水泵或污水泵 3 台（水井装一台，蓄水池一台，备用一台）。

（4）NBB-250/60 型三缸变量泵两台，TBW-850/5A 泥浆泵一台，TBW/7B-1200 泥浆泵一台，3NB-350 泥浆泵两台。

（5）发电机组三台。分别为 50 kW，20 kW，10 kW。

（6）输浆管路若干米。包括高压胶管和 ϕ60 mm 高压油管。

（7）闷管两套，上装三通和压力表。

6.3 实施情况

6.3.1 钻探施工情况

6.3.1.1 钻探施工过程

该煤矿地面注浆堵水注 1# 孔于 2010 年 5 月 17 一开钻进，补心高 1.20 m。开孔地层为新生代第四系黄土层。一开井深 296.00 m,下入山东煤田地质局钻探工具厂产 ϕ244.5 mm、钢级 J55、壁厚 8.94 mm 套管共 28 根,全长 294.60 m,下入深度 295.80 m。下套管结束后使用曲阜产 42.5$^{\#}$ 水泥固井,候凝 12 h 后下钻扫水泥塞,水泥塞至井深 280.00 m。

5月22日二开钻进,钻进过程中无明显漏失,属正常消耗。当钻至井深 743.50 m 处井口不返水,严重漏失,且无掉钻现象。测得水位在 343.00 m 处。顶漏钻进至井深 797.80 m 处起钻测井。测井数据如下:2$^{\#}$煤 720.65~721.75 m,厚 1.10 m,3$^{\#}$ 煤 756.90~762.55 m,厚 5.65 m,最大井斜 5.2°/760.00 m。

6月7日二开套管下入山东煤田地质局钻探工具厂产 ϕ177.8 mm、壁厚 8.05 mm、钢级 J55 套管共 72 根,全长 789.38 m。下套管完毕向套管内注清水,整压 12 MPa,且套管提拉不动。下钻扫孔,循环至井深 797.80m 后固井。候凝 48 h 后下钻扫水泥塞至井深 788.00 m 井口试压,使用 1300 型泥浆泵整压 9.5 MPa,稳压 15 min 后压降为 0.5 MPa,试压合格。

扫水泥塞至井底后开始钻进,钻进过程中正常消耗,至井深 872.00 m 处井口不返水,属严重漏失,随即起钻。起钻后电测,测得奥灰界面为 838.75 m。

6.3.1.2 选用设备

该次钻探施工的主要设备如表 6-2 所列。

表 6-2 主要设备表

序号	设备	型号	数量	备注
1	注浆泵	3NB-350	2	
2	钻机	T130XD	1	
3	注浆泵	850	1	
4	注浆泵	1200	1	
5	注浆泵	250/60	2	
6	水泥罐	30 t	2	
7	搅拌罐	7 m³	3	一搅 2 个,二搅 1 个
8	清水泵	150/60	1	
9	排污泵	60 m³/h	2	

6.3.1.3 实钻数据

实钻测斜数据见表 6-3,轨道投影图如图 6-3 所示。

表 6-3 实钻测斜数据表

测深 /m	井斜 /(°)	网格方位 /(°)	垂深 /m	北坐标 /m	东坐标 /m	视平移 /m	狗腿度 /(°/30 m)	描述
0.00	0.00	351.36	0.00	0.00	0.00	0.00	0.00	1
100.00	0.10	265.68	100.00	−0.01	−0.09	0.05	0.03	2
158.00	0.20	125.68	158.00	−0.07	−0.06	0.09	0.15	3
205.00	0.20	325.68	205.00	−0.05	−0.03	0.06	0.25	4
256.00	0.20	305.68	256.00	0.08	−0.16	0.01	0.04	5

表 6-3(续)

测深 /m	井斜 /(°)	网格方位 /(°)	垂深 /m	北坐标 /m	东坐标 /m	视平移 /m	狗腿度 /(°/30 m)	描述
335.00	0.80	265.68	335.00	0.11	−0.82	0.30	0.25	6
382.00	1.40	280.68	381.99	0.20	−1.71	0.66	0.42	7
420.00	2.00	275.68	419.97	0.35	−2.83	1.07	0.49	8
460.00	2.70	275.68	459.94	0.51	−4.46	1.72	0.52	9
500.00	3.20	265.68	499.88	0.52	−6.51	2.70	0.54	10
540.00	3.50	270.68	539.82	0.45	−8.84	3.89	0.31	11
577.00	3.80	250.68	576.74	0.06	−11.13	5.35	1.05	12
617.00	4.00	245.68	616.65	−0.96	−13.65	7.45	0.30	13
655.00	4.40	245.68	654.55	−2.10	−16.19	9.69	0.32	14
675.00	4.80	245.68	674.48	−2.76	−17.65	10.97	0.60	15
710.00	5.00	245.68	709.35	−3.99	−20.37	13.37	0.17	16
724.00	5.07	245.68	723.30	−4.50	−21.49	14.36	0.15	煤
749.00	5.20	245.68	748.20	−5.42	−23.53	16.15	0.16	18
762.80	5.46	245.68	761.94	−5.95	−24.70	17.18	0.57	煤
765.00	5.50	245.68	764.13	−6.04	−24.89	17.35	0.55	20

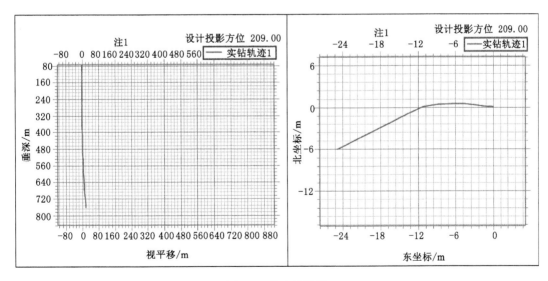

图 6-3　轨迹投影图

6.3.2　注浆施工情况

经电测、试压、检修,所有注浆设备后于 2010 年 6 月 13 日开始注浆。截至 8 月 1 日为无压力注浆,此阶段水泥浆平均密度 1.60 g/cm³。8 月 1 日 11:00 注浆过程中起压至 4 MPa,且整泵。随即下钻扫孔,扫孔至井底后开始压力注浆。8 月 17 日(累计注浆至 5 700

t)连续注浆过程中起压至 5 MPa,此时水泥浆密度为 1.35～1.40 g/cm³,随即将水泥浆密度调整至 1.30～1.35 g/cm³,稳定 6 h 压力保持 5～6 MPa 不变,计算进浆量为 4.3 m³/h。

8 月 21 日 21:30 开始再次注浆。注入水泥 10 t,水泥浆平均密度为 1.60 g/cm³,注浆压力为 1.5 MPa。替入清水 10 m³ 时压力达到 10 MPa,整压候凝等待下钻。下钻扫孔至套管底部处起钻,起钻完压入清水试压,压清水时计算漏失量 4.4 m³/h。压清水 5 min 后压力上升至 5 MPa,5 MPa 的压力稳定 55 min。泄压后观测水位,水位 23.5 m(未稳定)。

综合测量的水位和试压结果,分析套管底部需要做第二次处理。8 月 25 日 21:20 再次注浆封固套管底部,水泥浆平均密度为 1.40 g/cm³,注浆开始时压力为 5 MPa,注入 4 m³ 水泥浆后压力降为 2.5 MPa,注浆至 7 m³ 时加入速凝剂,本次注入水泥浆 10 m³。注浆后替入 15 m³ 清水,替清水时压力为 6 MPa,替清水结束后整压候凝。

8 月 28 日 8:00 下钻扫孔(候凝 52 h),扫至 796.79 m 处注入清水整压。压力 4 MPa,计算漏失量 3.2 m³/h,泄压后继续扫孔。扫孔至 872 m 起钻。注浆前先压入清水,压水期间压力 4 MPa,计算井底漏失量为 6 m³/h。8 月 29 日 12:00 开始注浆,此次注入水泥 15 t,水泥浆平均密度为 1.30～1.35 g/cm³,注浆开始时压力为 1.5～2.0 MPa,17:45 开始起压,压力达到 8 MPa,8 MPa 的压力稳定 30 min。19:00 注浆结束,关闭阀门整压。

8 月 30 日下钻扫孔,下钻遇阻深度为 1 m。扫孔至井深 796.79 m 处,暂停扫孔,井筒中注满清水观测水位,测得稳定水位 12.5 m。继续扫孔至井深 872 m 处,循环后起钻,起钻完井筒中注满清水观测水位,测得稳定水位 16 m。

9 月 1 日 9:35 压清水,压力 4 MPa,计算平均漏失量为 3.30 m³/h。11:00 开始注浆,此次共注入水泥浆 20 m³,水泥浆平均密度为 1.35 g/cm³,压力 4 MPa。17:30 注浆结束开始向井筒中替清水,替清水 12 m³ 时压力 5 MPa,替清水 15 m³ 时压力 6 MPa,共替入清水 30 m³。

9 月 2 日 10:30 开始注浆,此次共注入水泥浆 20 m³。水泥浆的平均密度为 1.45 g/cm³,井口的压力为 5～7 MPa,5～7 MPa 的压力稳定 30 min,计算平均进浆量 4.4 m³/h,孔底承受压力为 17.6 MPa,15:00 结束注浆。综合以上三个条件,符合注浆结束标准。

6.3.3　钻孔封闭

注浆工作结束后对注 1 孔进行封孔。2010 年 9 月 2 日封固表层套管与技术套管、技术套管与井壁之间的环状空间,共注入水泥 15.00 t,水泥浆 14.0 m³,水泥浆的平均密度为 1.32 g/cm³,注浆期间的压力为 1～2 MPa,封孔结束后整压。生产套管内水泥塞距地面高度为 4.00 m,表层套管内水泥塞距地面高度为 12.00 m,在孔口留取水泥砂浆样,经检验证明封闭合格,封孔完毕。

注 1# 孔自 5 月 17 日 21:00 开始至 9 月 3 日 2:00 注浆结束,其间所有的施工工序都高标准、高质量地完成,均已达到甲方的要求,此工程已符合竣工标准。

6.4　堵水效果

6.4.1　钻探工程质量评述

本期工程按方案 1 设计施工多分支定向井 3 个,即注 1、注 2、注 3 孔,其中注 3 孔为机动孔。方案 2 设计施工定位孔 2 个,即注 4、注 5 孔。实际只施工注 1 孔即达到堵水目的。

　　施工的注 1 孔按照水文地质规范做了系统的简易水文观测,为分析含水层位及漏水层位提供了信息。注 1 孔施工工艺高标准、高质量,达到了甲方的要求。

6.4.2　注浆工程质量评述及堵水效果

　　整个注浆过程分为两个阶段:无压力注浆阶段及压力注浆阶段。

　　无压力注浆为下行式注浆,本身就存在自吸性,水泥浆密度控制在 1.60 g/cm^3 左右。注浆到 2 500 t 时,在水泥单液浆中加入粉煤灰,以提高浆液的扩散范围。

　　压力注浆,压力注浆要求设备能提供一定的压力,将密度较小的水泥浆压入地层中更小的裂隙中去,使水泥浆进入裂隙当中的距离更远,已达到更好的注浆堵水效果。

　　以上两个注浆阶段均达到了预期效果,本次堵水工程达到了水患治理的目的。该煤矿632 工作面地面注浆堵水工程历时 110 天,定向钻进钻至出水点,钻井井深 872.00 m。地面压力注浆共消耗水泥 5 786.52 t,粉煤灰 24.52 t。压力注浆达到注浆结束标准。该矿出水量由 450 m^3/h 减小至 20 m^3/h,本次注浆堵水成功。

7 某煤矿 1313 工作面突水点注浆封堵

7.1 水源及通道分析

7.1.1 工作面基本情况

7.1.1.1 工作面位置

1313 工作面位于一采区西翼,为条带综采面,工作面标高−595.00 m 至−674.00 m,煤层平均倾角 21°,煤厚 0.60~5.50 m,平均煤厚 3.80 m,工作面走向长度 1 240.00 m,倾向长度 64.00 m。1313 工作面从 2018 年 8 月 11 日开始回采,截至 2018 年 9 月 10 日工作面已回采 90.00 m,剩余可采储量 36.3 万 t。1313 工作面南与 1309 工作面之间留有 70.00 m 保护煤柱,北与 1307 工作面留有 4.00 m 保护煤柱,1307 工作面和 1309 工作面均已回采完毕。

7.1.1.2 工作面及周围断层发育情况

(1)工作面周围断层情况

1313 工作面周围共发育 7 条断层,分别为 DF61、XF6、XF7、XF8、XF11、XF12、XF14,各断层构造见表 7-1。

表 7-1 工作面周围断层构造一览表

构造名称	走向	倾向	倾角/(°)	性质	落差/m	距离工作面最近距离/m
DF61	NE	NW	70	正	40~200	202
XF6	EW	N	70	正	0~5	122
XF7	NW	SW	70	正	0~12	111
XF8	NW	SW	70	正	0~35	105
XF11	EW	北	70	正	0~5	49
XF12	NE	SE	70	正	0~5	5
XF14	NW	NE	70	正	0~4	48

(2)工作面内断层情况

1313 胶带平巷掘进期间共揭露 3 条断层 13-2、13-3、13-9;1313 轨道平巷掘进期间共揭露 6 条断层 13-1、13-4、13-5、13-6、13-7、13-8,各断层构造见表 7-2。

表 7-2 工作面内断层构造一览表

构造名称	走向/(°)	倾角/(°)	性质	落差/m	对回采的影响程度
13-1	87	65	正	0～1.3	较小
13-2	30	50	正	0～3.5	较大
13-3	65	60	正	0～3.0	较大
13-4	85	65	正	0～0.9	较小
13-5	150	45	正	0～2.1	较大
13-6	95	40	正	0～3.5	较大
13-7	87	40	正	0～3.5	较大
13-8	82	65	正	0～2.5	中等
13-9	76	60	正	0～6.0	无(工作面外)

7.1.1.3 工作面地层发育情况

根据 1313 工作面附近 79-4 钻孔揭露的地层情况,结合井田内其他资料,分述如下。

(1)奥陶系

79-4 钻孔终孔未达到奥陶系,根据区域内地质资料,奥陶系厚度大于 460.00 m,岩性为石灰岩及白云质灰岩。

(2)石炭系

① 中统本溪组($C_y B$)

79-4 钻孔揭露厚度 7.42 m。根据井田内其他钻孔资料,平均厚 35.00 m 左右。本溪组以杂色泥岩为主,夹 2～3 层石灰岩,上部夹不稳定的薄煤 1～2 层,底部为残积相-滨海湖泊相铁质泥岩,呈紫红～褐灰色,含较多褐铁矿团块,厚度不稳定,与华北地区标准剖面中的山西式铁矿层相当;其上为湖泊相灰白色铝土岩,致密块状,含较多的星散状、瘤状黄铁矿,层位稳定,俗称"G 层铝土岩";中、上部为浅海相石灰岩夹黏土岩,石灰岩一般有二层,自下而上依次编号十三灰、十二灰,呈浅灰～灰白色,微显棕红色,微晶结构,块状构造,厚度变化较大,其间多夹有铝质泥岩团块,均为后期充填所致,层位稳定。在灰岩中极少见动物化石及碎屑。

② 上统太原组(C_2-$P_1 yT$)

揭露厚度 168.00 m。本组为一套典型的海陆交互相沉积,主要由砂岩、粉细砂岩互层、粉砂岩、泥岩、石灰岩、煤及黏土岩等组成,是本井田含煤地层之一。

(3)二叠系

① 下统山西组($P_y S$)

揭露厚度 85.60 m。为滨海潮坪环境下的砂泥含煤沉积,由灰白色砂岩、灰色粉砂岩,黑色泥岩及煤组成,含煤 3 层,是本井田主要含煤地层之一。

② 石盒子组 P_s

揭露厚度 136.40 m,由杂色、深灰色泥岩,灰色粉砂岩、细砂岩等组成,中下部局部见煤(J6-3 号孔孔深 1 025.45 m),顶部为一层浅灰夹粉红色斑状的铝质泥岩(桃花泥岩)与上石盒子组分界,下距 3# 煤 110.00 m。底部为一层含少量绿色矿物的中细粒砂岩与下伏山西组整合接触。

（4）新近系及第四系（Q+N）

揭露厚度 483.00 m，自东向西渐厚。主要为冲积、洪积及湖相沉积物，以砂质黏土为主，夹粉砂层、砂层，底部含砾，砾石成分主要为石灰岩、石英砂岩，大小不一，局部成层，上部较松散，下部呈半固结状态。第四系与上第三系地层未分。

7.1.2　工作面水文地质特征

7.1.2.1　工作面水文地质情况

根据 1313 工作面两平巷揭露情况、区域内抽水试验及井下水文地质钻孔取得的成果，对 1313 工作面水文地质情况分析如下。

（1）新生界含水层

根据精查地质报告，新生界共有含水层 7～24 层，平均 17 层，含水层总厚 52.49～118.30 m，占新生界厚度的 18%，含水层不发育。据区域资料，其含水性由上往下逐渐减小，由中等到弱再到极弱。

新生界虽然含水层较多，但新生界中单层厚度＞5.00 m 的黏土隔水层占总厚度的76%。同时在新生界底部有厚达十几米的黏土层，回采范围内新生界底部也不具有天窗。

依据《建筑物、水体、铁路及主要井巷煤柱留设与压煤开采规程》，1313 工作面为一次采全高，顶板岩性为中硬砂岩类，3#煤属于厚煤层，工作面综采设备最大采高 4.20 m，选用以下公式计算煤层垮落带、导水裂隙带高度。

垮落带：
$$H_m = 100\sum M/(4.7\sum M + 19) \pm 2.2$$
$$= 100 \times 4.2/(4.7 \times 4.2 + 19) \pm 2.2 = 13.00 \text{ m}$$

导水裂隙带：
$$H_i = 100M/(1.6\sum M + 3.6) \pm 5.6 = 46.30 \text{ m}$$

二叠系中 3#煤层上方岩层厚度为 74.00～186.00 m，其中有累计厚度达四十多米的泥岩，裂隙带不会波及新生界地层。3#煤上方隔水层可以有效地隔绝与新生界的水力联系，所以认为在该井田范围内，大气降水、地表水、新生界中、上部含水层的水不能直接入渗补给基岩含水层，新生界水对采掘作业不构成威胁。

（2）3#煤顶板砂岩水

3#煤顶板砂岩单位涌水量 0.000 012 95～0.008 21 L/(s·m)，渗透系数 0.000 599～0.016 m/d，总体富水性弱，连通性差，主要以静储量为主，易于疏干。3#煤顶板砂岩裂隙含水层为分布范围不一的孔隙裂隙含水层，抽水成果反映含水性均属极弱，系统连通性较差，因此局部可能存在顶板滴淋水情况，但总体以静储量为主，通过疏放可以解除对生产的影响。

（3）三灰水

由于三灰抽水成果反映为弱含水层，且 3#煤距三灰 42.00 m，之间有数层泥岩，大于安全隔水层厚度，正常情况下起到很好的隔水作用。根据在 1313 胶带平巷 P33# 点探水硐室内施工的探底板三灰孔，钻孔最大涌水量为 1.0 m³/h，水压为 1.0 MPa，2 h 内迅速衰减至0.7 m³/h 以下，水压降低至 0.7 MPa，两天后水量小于 0.1 m³/h。根据突水系数计算公式计算的突水系数为：

$$T_s = P/M = (1.0 + 0.42)/38 = 0.037$$

该突水系数小于安全突水系数 0.06,故 1313 工作面总体不存在三灰水突水的危险性。根据建井以来生产实际揭露情况来看,实际掘进、回采过程中并未出现三灰水突水现象,仅有揭露断层时少量断层裂隙出水现象,基本排除了三灰突水的可能性。

(4)断层水

该工作面切眼外西北方向的 13-9 断层($H = 6.00$ m)经过钻探验证,该断层区域内含水性较弱。1313 胶带平巷揭露 13-9 断层,该断层不含水不导水。工作面揭露的 13-1 等 11 个断层,落差在 1.00~3.50 m,上述断层导水性含水性亦较差,工作面揭露的断层均无出水现象。因此,1313 工作面回采期间受断层水的威胁较小。

(5)钻孔水

工作面回采范围内无钻孔,不受钻孔水威胁。

(6)老空水

该工作面与 1307 老空区相邻,相邻范围约 740.00 m。1313 工作面在 1307 工作面倾向上方,1307 老空水已经疏放至 −670.00 m,积水线在 1313 工作面垂直标高 5.00 m 以下,并且 1307 老空水通过泄水巷持续排放,平均涌水量为 7.0 m³/h,涌水量较小。因此在 1313 工作面回采期间做好 1307 的持续排水,在维护好排水系统正常运行的前提下,1307 老空水对回采影响较小。

1309 老空区位于工作面倾斜上方,两者间隔 70.00 m 煤柱,仅有少量顶板淋水。相邻水平或采区边界防水煤(岩)柱的留设,对于水文地质条件简单到中等型的矿井,可用下述公式计算煤柱宽度:

$$L = 0.5KM\sqrt{3P/K_p}$$

式中 L——顺层防水煤柱宽度,m,;
　　 M——煤厚或采高,$M = 4.2$,m;
　　 K_p——煤的抗张强度,$K_p = 10$ kgf/cm²(1 kgf/cm² = 9.806 65 N/cm²);
　　 P——水头压力,$P = 7$ kgf/cm²;
　　 K——安全系数,一般为 2~5,此处取 3。

$$L = 0.5 \times 3 \times 4.2 \times \sqrt{3 \times 7/10} = 9.14 \text{ m}$$

根据上述公式,经计算并结合实际情况确定,相邻水平或采区边界留 20.00 m 煤柱即可满足防水煤柱要求。1309 工作面积水量 167 339.0 m³,积水标高 −564.00~−632.00 m。1309 老空区与 1313 工作面间隔 70.00 m,大于防隔水煤柱要求。矿井工作面采后顶板冒裂带发育高度为 46.30 m,基岩移动角为 75°,该区域附近煤层倾角为 15°。经计算 1309 采空区与 1313 采空区冒裂带最小间距约 47.00 m,两者老空区不存在老空水沟通情况,所以 1309 老空水对 1313 工作面回采无影响。

(7)奥灰水

奥灰含水层区域厚度大于 460.00 m。

① 奥灰长观孔揭露奥灰厚度 54.46 m,以浅灰色、灰色厚层状隐晶质灰岩为主,少量为深灰色石灰岩,夹有灰褐色白云岩或白云质灰岩,溶蚀孔洞发育。抽水试验单位涌水量 $q = 0.001 82$ L/(s·m),为弱富水性含水层。取得水样化验矿化度为 6 490.00 mg/L,水质类型

为 NC-SL 型。

② 区内 J8-3、J9-4 号孔分别揭露奥灰 10.21 m、18.31 m，岩性为石灰岩及白云质灰岩。J8-3 号孔揭露奥陶系和第三系呈不整合接触，奥陶系顶界深度 467.52 m，在 478.50～479.17 m 全泵量漏失，漏失点发生在距本钻孔奥灰顶界下 10.00 m 左右，受岩层缺失影响，推测漏失点位于奥陶系中部。

③ 在华北地区，奥灰是石炭二叠系的沉积基底，是公认的区域性强含水层和煤矿床充水的主要补给源。该井田内由于断层的切割，在单斜含水构造的浅部，奥灰隐伏露头面积不大。井田内 3# 煤底到奥灰顶的全段距约 202.00 m，之间间隔多层太原组灰岩和砂岩、泥岩，能起到良好的隔水作用。矿井奥灰水位标高较为稳定，采用近三年最高水位 +1.00 m，1313 工作面回采的最低点约 −675.00 m，采用突水系数法计算。

$$T_s = P/M \approx 6.8 \text{ MPa}/164.78 \text{ m} = 0.04 < 0.06$$

按照全国资料分析，底板受构造破坏地段突水系数一般不大于 0.06，正常块段不大于 0.1，均可以认为是安全的。据此认为奥灰水对矿井正常生产不构成威胁。

(8) 岩浆岩侵入体及其他地质构造

该工作面内揭露 3 条岩浆岩岩脉，受其影响，在采动影响下易形成导水裂隙沟通 3# 煤顶板砂岩裂隙含水层，1313 工作面两平巷在掘进至岩浆岩岩脉附近时，顶板有少量滴淋水现象，为少量顶板裂隙水，以静储量为主，易于疏干。

7.1.2.2 工作面涌水量预计

(1) 由于 1313 工作面与 1309 工作面相邻，地质条件相似，根据 1309 工作面涌水量情况，采用比拟法对 1313 工作面涌水量进行预计：

$$Q = Q_1 \times F_s/F_1 = 55 \times (9.4/10.4) = 50.0 \text{ m}^3/\text{h}$$

式中 Q_1——1309 工作面最大出水量，55.0 m³/h；

F_1——1309 采空区面积，10.4×10⁴ m²；

F_s——1313 工作面面积，9.4×10⁴ m²；

经计算，1313 工作面回采过程中出水量约 50.0 m³/h。

(2) 根据"大井"法承压转无压公式计算工作面涌水：

$$Q = 1.366K(2H - M)M/[\lg(1 + R/r_0)]$$
$$= 1.366 \times 0.016 \times (2 \times 680 - 30.17) \times 30.17/\lg(1 + 860/345)$$
$$= 1\,614 \text{ m}^3/\text{d}$$
$$= 67 \text{ m}^3/\text{h}$$

式中 K——渗透系数，取 0.016 m/d；

H——顶板砂岩水柱高度，取 680.00 m；

M——含水层厚度，取 30.17 m；

R——疏干降水时含水层的影响半径：

$$R = 10H\sqrt{K} = 10 \times 680 \times \sqrt{0.016} = 860.00 \text{ m}$$

r_0——假想大井的半径（或称引用半径）：

$$r_0 = \eta(a + b)/4 = 1.06 \times (64 + 1240)/4 = 345.00 \text{ m}$$

其中，η 取 1.06，a 取 64 m，b 取 1 240 m。

通过采用比拟法和大井法对工作面顶板砂岩水涌水量进行预测分析，1313 工作面附近 1309

工作面生产期间涌水量较大,故采用比拟法所得结果较为合适。同时考虑到生产用水和 1307 老空补给水,综合预计工作面生产期间正常涌水量为 70.0 m³/h,最大涌水量为 105.0 m³/h。

7.1.3 工作面回采前水文地质勘查工作

工作面在回采前对三维地震勘探资料进行了详细分析,并经山东煤田物探队对三维资料进行精细化分析,同时进行了瞬变电磁探测相互验证,并对顶底板低阻异常区进行了钻探验证,符合国家煤矿防治水有关规定。

(1)1313 工作面在掘进期间探测了底板三灰富水性。2017 年 7 月编写了《1313 胶带平巷底板三灰疏水降压设计》和施工措施,并于 2017 年 8 月组织施工,探明 1313 工作面底板三灰水补给性差,易于疏干。掘进过程中局部顶板区域有滴淋水情况。

(2)1313 工作面形成后,利用三维工作站对 1313 工作面的三维资料进行精细化解释,未发现陷落柱及隐伏的地质构造。根据工作面水文地质条件综合分析,2017 年 12 月编制《1313 工作面水文地质情况分析报告》,3# 煤顶底板砂岩水一般具有富水性不均一的特点,1313 工作面主要受 3# 煤层顶板砂岩水影响,且砂岩含水层区域连通性较差。

(3)2017 年 12 月编制了《1313 工作面采前顶板岩层水疏放设计》和措施,并组织探放水队伍对 3# 煤层顶板砂岩含水层裂隙水进行疏放。

(4)2018 年 4 月 18 日～21 日,矿委托山东省煤田地质一队对 1313 工作面进行了瞬变电磁探测,并提交了成果报告,工作面底板各个异常反应区呈孤立分布,底板含水层连通性差,含水体之间补给性差,易于疏干。根据探测成果,在前期探放水的基础上,2018 年 6 月编写了《1313 工作面顶底板岩层水探放补充设计》和措施,对顶底板 1# 和 3# 异常区进行钻探验证,未发现有底板出水现象。

(5)2018 年 1 月至 2018 年 7 月,组织专业探放水队伍对顶底板砂岩水和瞬变电磁探测的低阻异常区进行施工,共计施工 21 个钻孔,钻进进尺 1 635.00 m,未发现赋水异常。并与江苏煤田物测队联系,对 1313 工作面切眼附近的低阻异常区进行切片处理,对 3# 煤层反射波时间剖面进行精细化解释,未发现陷落柱和落差较大的断层。

(6)2018 年 8 月根据探测结果,提交《1313 工作面水害隐患治理情况分析报告》,并组织会审,综合分析认为 3# 煤顶板砂岩、底板砂岩、底板三灰地层具有赋水性较弱、赋水性不均一的特点。

(7)2018 年 8 月下旬编写《1313 工作面 2#、3# 物探顶底板异常区探放水补充设计》和施工措施,突水前正组织施工。

7.1.4 突水情况

2018 年 9 月 10 日 22 时 10 分,1313 工作面安监员发现工作面机尾轨道平巷顶帮出现轻微渗水,随即向矿调度指挥中心进行汇报;22 时 45 分,发现 43# 架底板出现渗水,出水量约 10.0 m³/h,矿调度指挥中心通知地测科技人员及矿带班领导立即赶到现场进行观测;地测科技人员到达现场后观测涌水量已增至 40.0～50.0 m³/h,矿带班领导立即安排 1313 工作面所有工作人员停止工作逐步撤离,同时,开启 1313 排水系统进行排水。至 11 日 3 时 10 分,工作面涌水量持续增大,矿立即启动应急预案,撤离其他作业地点人员至井底车场,并立即采取综合防水措施应对 1313 工作面出水情况。同时,矿成立抢险领导小组开展抢险工作,通过研究决定放弃在平巷内排水,立即对 1313 面其他五处出水通道进行临时加强封堵。14 时 30 分,通过巷道容积法测算涌水量增至 900.0 m³/h,鉴于现场涌水量增大及水质化验分析(确定为奥灰水),经各级领导及专家论证,决定在一采区三条大巷起坡点合适位置施工密闭墙。至 11 日 20 时 20 分,施工地点水情观测员发现 1301 轨道平巷联络巷涌水量增大。指挥部接到报告后,在鲁西分局局长的指导下,迅速下达指令,采取紧急撤人措施。至 11 日 21 时 10 分,井下最后一罐人员升井,经核实,所有入井人员全部安全升井。

7.1.5 突水水源

1313 工作面突水后,集团和该煤矿分别于 9 月 13 日和 10 月 27 日组织省内和国内煤矿防治水专家对突水原因进行分析,通过水质、奥灰长观孔水位、水温等三个方面的特征和水位下降变化分析,确定突水的来源为奥灰水。

7.1.5.1 水质

通过对突水水质化验的各项指标进行分析,突水水源为奥灰水,见表 7-3。

表 7-3 1313 突水点水质化验单

分析项目		$\rho(B)/$ (mg/L)	$C(I/zB^{z+})/$ (mmol/L)	$X(I/zB^{z+})/$ (%)	分析项目	$\rho(C_aCO_3)/$ (mg/L)	分析项目	$\rho(B)/$ (mg/L)
阳离子	K^+	27.94	0.715	0.84	总硬度	1 831.96	游离 CO_2	1.65
	Na^+	1 103.08	47.981	56.15	永久硬度	1 733.65	侵蚀 CO_2	—
	Ca^{2+}	465.78	23.244	27.20	暂时硬度	98.30	H_2SiO_3	20.64
	Mg^{2+}	162.40	13.364	15.64	负硬度	0.00	$COD(KMnO_4)$	—
	NH_4^+	2.06	0.147	0.17	总碱度	98.30	DO	—
	Fe^{3+}	0.12	0.006	0.01	总酸度	—	BOD_5	—
	Fe^{2+}	0.00	0.000	0.00	pH 值	7.90	H_2S	—
							矿化度	5 349.44
	合计	1 761.38	85.457	100.00				
阴离子	Cl^+	1 974.74	55.700	63.02				
	SO_4^{2-}	1 471.03	30.626	34.65				
	HCO_3^-	119.86	1.964	2.22				
	CO_3^{2-}	0.00	0.000	0.00				
	OH^-	—	—	—				
	F^-	1.64	0.086	0.10				
	NO_3^-	0.14	0.010	0.01				
	PO_4^{3-}	<0.07						
	NO_2^-	<0.003						
	Br^-	—	—					
	I^-	—	—					
	合计	3 567.41	88.387	100.00				

7.1.5.2 水位

矿井突水后,矿井的奥灰水位长期观测孔水位急剧下降,达到每小时下降 1.50 m,累计下降 215.00 m,也证明了矿井突水水源为奥灰水。

7.1.5.3 水温

通过测量突水的水温发现稍高于老空渗水的温度,说明为煤层底板以下地层来水。

7.1.6 突水通道初步分析

本次突水通道可能有如下几种情况:封闭不良钻孔导水、断层导水、陷落柱导水等。

7.1.6.1 钻孔通道导水

1313 工作面内及突水点附近无施工钻孔,故不存在钻孔导水的可能。

7.1.6.2 断层通道

DF61 大断层距离 1313 工作面切眼超过 200.00 m,再者工作面位于上升盘,且工作面与断层之间无连接的断层,工作面位于留设的断层保护煤柱外,因此断层导水的可能性极小。

7.1.6.3 陷落柱通道

开采区域位于三维地震范围内,根据三维地震时间剖面特征,1313 工作面西部区域 $3^{\#}$ 煤层反射波稳定连续,受地震技术手段的限制,$3^{\#}$ 煤层之下岩煤层分辨率很低,报告中未提及有陷落柱;三维地震精细报告及井下瞬变电磁成果均未解释有陷落柱发育。

综合以上水文地质资料分析,1313 工作面突水点周围已查明地质构造导致突水的可能性较小。突水水源可以明确为是奥灰水,突水通道为隐伏性未探知的地质构造。

7.2 堵水钻孔设计

7.2.1 堵水钻孔布设及其目的

2018 年 9 月 13 日,该煤矿组织专家组、堵水施工单位共同对矿井出水原因进行了分析,依据堵水的目的、任务及对突水的特征分析,根据专家审查意见,制定如下堵水钻孔布设方案:直接对工作面突水点进行盖帽封堵,对突水通道进行注浆封堵。本次设计钻孔 4 个,2 个盖帽孔,2 个突水通道注浆孔。

7.2.1.1 孔位概况

(1)孔口坐标

孔口坐标见表 7-4。

表 7-4 孔口坐标一览表

孔号	X	Y	Z
XY-1	3 863 199.202	39 442 379.862	37.02
XY-2	3 863 199.954	39 442 135.086	36.81
XY-3	3 863 300.048	39 442 135.027	37.30
XY-4	3 863 309.633	39 442 289.994	37.00

（2）靶点坐标

靶点坐标见表 7-5。

表 7-5　靶点坐标一览表

XY-1	3 863 191.85	39 442 275.17	−678.74
	3 863 191.21	39 442 266.07	−705.21
XY-2	3 863 193.50	39 442 200.00	−651.19
	3 863 187.20	39 442 273.10	−743.29
XY−3	3 863 203.36	39 442 245.43	−652.00
XY-4	3 863 192.89	39 442 262.35	−650.40

（3）孔别：注浆堵水孔。

（4）孔型：定向孔。

（5）完钻原则：盖帽孔穿至采空区，通道孔至 3# 煤底板下 115.00 m。

钻孔位置布置如图 7-2 所示。

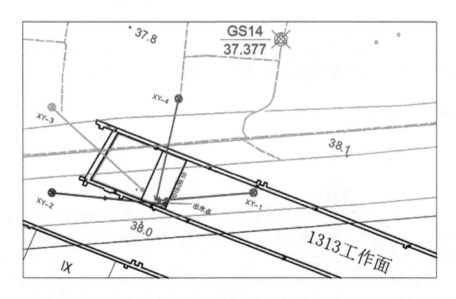

图 7-2　钻孔位置布置图

7.2.1.2　目的与任务

堵水的目的任务：封堵奥灰地层来水通道，排除安全隐患，尽快恢复矿井的正常生产。

2 个突水通道注浆孔 XY-1、XY-2：施工目的是钻寻突水通道，发现钻井液漏失量大于 5.0 m³/h 时，加密观察钻井液的漏失量，当钻井液的漏失量大于 10.0 m³/h 时，停止钻进，注浆封堵突水通道，同时探测 3# 煤层底板下三灰层位、厚度及以下岩层层位情况。XY-1 孔的第一靶点位置位于出水点以下垂直距离 25.00 m 处，终孔位置为 3# 煤底板下 115.00 m。XY-2 孔的目标层位为出水点垂直向下的三灰层位，终孔位置为 3# 煤底板下 115.00 m。

2个盖帽钻孔XY-3、XY-4:钻孔钻穿突水点附近上方的采空区顶板,通过向突水点附近的采空区注入石子、砂子、水泥等封堵出水点,起到封盖出水点的作用。同时兼作顶板导水裂隙带、顶板垮落带高度探测孔。

7.2.2 钻孔结构与深度

7.2.2.1 钻孔结构

通道注浆孔XY-1、XY-2钻孔结构见表7-6,井身结构示意图如图7-3所示。

表7-6 注浆孔XY-1、XY-2钻孔结构

钻头尺寸/mm	井深/m	套管层序	套管尺寸/mm	套管下深/m	水泥返深/m
311.1	480.00	表层套管	244.5	480.00	地面
215.9	3#煤底板下15.00 m	技术套管	177.8	3#煤底板下5.00 m	地面
152.4	3#煤下115.00 m	裸孔			

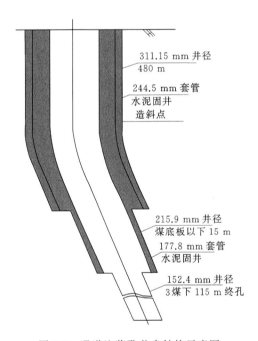

311.15 mm 井径
480 m
244.5 mm 套管
水泥固井
造斜点

215.9 mm 井径
煤底板以下15 m
177.8 mm 套管
水泥固井

152.4 mm 井径
3煤下115 m 终孔

图7-3 通道注浆孔井身结构示意图

盖帽孔XY-3、XY-4钻孔结构见表7-7,井身结构示意图如图7-4所示。

表7-7 盖帽孔XY-3、XY-4钻孔结构

钻头尺寸/mm	井深/m	套管层序	套管尺寸/mm	套管下深/m	水泥返深/m
311.1	480.00	表层套管	244.5	480.00	地面
215.9	3#煤顶板上40.00 m	技术套管	177.8	3#煤顶板上40.00 m	地面
152.4	采空区	裸孔			

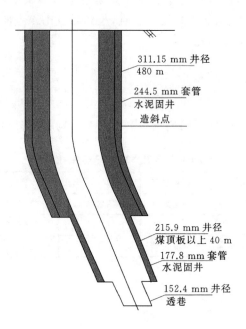

图 7-4　盖帽孔井身结构示意图

7.2.2.2　钻孔深度

XY-1 设计深度 827.65 m,XY-2 设计深度 857.76 m,XY-3 设计深度 712.63 m,XY-4 设计深度 707.17 m。

7.2.3　钻孔轨道设计

7.2.3.1　钻孔轨道设计参数

4 个钻孔的轨道设计参数见表 7-8、表 7-9、表 7-10、表 7-11。

表 7-8　XY-1 轨道设计参数

测深 /m	井斜 /(deg)	网格方位 /(deg)	垂深 /m	北坐标 /m	东坐标 /m	视平移 /m	狗腿度 /(°/30 m)
0.00	0.00	265.98	0.00	0.00	0.00	0.00	0.00
350.00	0.00	265.98	350.00	0.00	0.00	0.00	0.00
471.06	19.01	265.98	468.86	−1.39	−19.85	19.90	4.71
732.21	19.01	265.98	715.76	−7.35	−104.69	104.95	0.00
760.21	19.01	265.98	742.23	−7.99	−113.79	114.07	0.00
827.65	19.01	265.98	806.00	−9.53	−135.70	136.04	0.00

表 7-9 XY-2 轨道设计参数

测深/m	井斜/(deg)	网格方位/(deg)	垂深/m	北坐标/m	东坐标/m	视平移/m	狗腿度/(°/30 m)
0.00	0.00	95.68	0.00	0.00	0.00	0.00	0.00
430.00	0.00	95.68	430.00	0.00	0.00	0.00	0.00
616.12	21.71	95.68	611.70	−3.45	34.68	34.85	3.50
698.25	21.71	95.68	688.00	−6.45	64.91	65.23	0.00
813.27	54.11	94.61	777.54	−12.46	134.38	134.96	8.45
817.76	54.11	94.61	780.18	−12.75	138.01	138.60	0.00
857.76	54.11	94.61	803.63	−15.36	170.31	171.00	0.00

表 7-10 XY-3 轨道设计参数

测深/m	井斜/(deg)	网格方位/(deg)	垂深/m	北坐标/m	东坐标/m	视平移/m	狗腿度/(°/30 m)
0.00	0.00	131.19	0.00	0.00	0.00	0.00	0.00
200.00	0.00	131.19	200.00	0.00	0.00	0.00	0.00
320.69	18.91	131.19	318.51	−13.00	14.85	19.74	4.70
712.63	18.91	131.19	689.30	−96.64	110.43	146.74	0.00

表 7-11 XY-4 轨道设计参数

测深/m	井斜/(deg)	网格方位/(deg)	垂深/m	北坐标/m	东坐标/m	视平移/m	狗腿度/(°/30 m)
0.00	0.00	193.28	0.00	0.00	0.00	0.00	0.00
290.00	0.00	193.28	290.00	0.00	0.00	0.00	0.00
416.66	19.84	193.28	414.15	−21.13	−4.99	21.72	4.70
707.17	19.84	193.28	687.40	−117.11	−27.65	120.33	0.00

7.2.3.2 设计轨道垂直投影及水平投影示意图

设计轨道垂直投影示意图如图 7-5 所示,设计轨道水平投影示意图如图 7-6 所示。

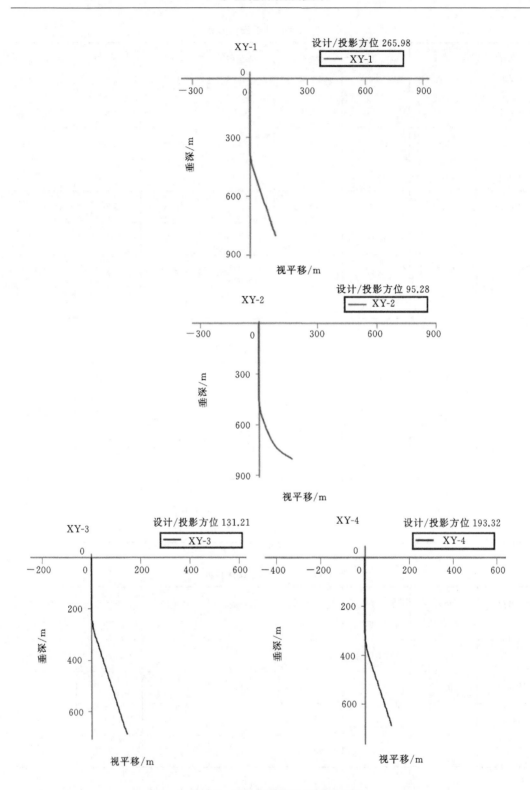

图 7-5 设计轨道垂直投影示意图

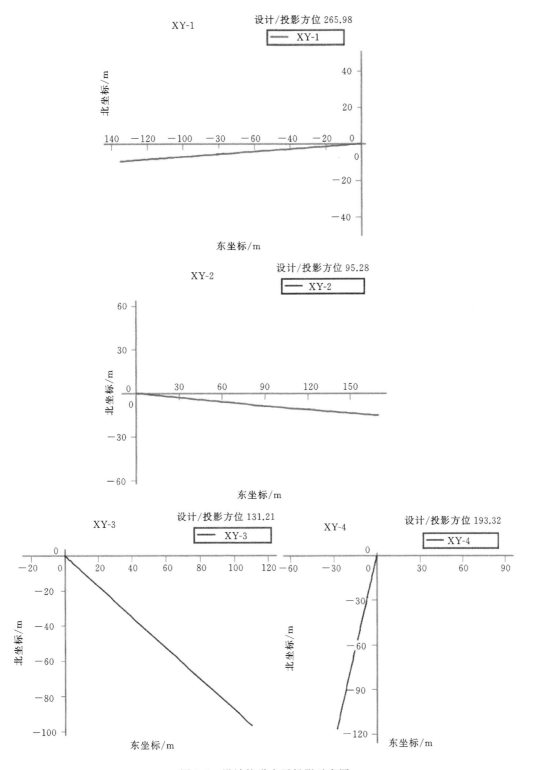

图 7-6 设计轨道水平投影示意图

7.3 注浆工程设计

7.3.1 通道钻孔注浆方法与工艺

7.3.1.1 注浆方法与工艺

XY-1、XY-2 钻孔为封堵突水通道钻孔,注浆目的是针对出水点下方的导水通道进行封堵止水。采用下行方式注浆,逢漏(漏失量大于 10.0 m³/h)注浆封堵。根据钻探揭示的实际地质及水文地质条件,对钻孔的裸孔段,采取下行、大小间歇、复扫、复注的方式,达到注浆终止条件为止,凝固 24 h 后,继续钻进,遇漏重复注浆,直至设计终孔深度为止。

在静水条件下采用单液水泥浆为主,必要时可添加速凝材料(水玻璃)或细骨料。对单位吸水量大于 16~20 L/min 者,可试注骨料(粒径由小到大,一律从中粗砂、米石开始探索灌注)。

7.3.1.2 注浆材料与配比

通道孔采用水泥单液浆,水灰比根据实际漏失量选择,为 2:1~0.7:1。

应先稀后稠,从水灰比 2:1 开始,根据漏失量及注浆泵起压情况,可逐渐加稠,先期水泥浆密度不宜大于 1.36 g/mL(水灰比不宜小于 1.5:1),注浆泵起压不宜大于 1.0 MPa,以无压注浆为宜。

当单个漏失点注入水泥浆量大于 2 000.0 t,且大流量(60.0 m³/h)注浆仍不起压时,可逐步调稠水灰比至 1:1。

当单个漏失点注入水泥浆量再增加 1000.0 t,累计达到 3 000.0 t,且大流量(60.0 m³/h)注浆仍不起压时,可考虑添加速凝材料(水玻璃)或细骨料(中、细砂)。

单液水泥浆水灰质量比范围为 0.7:1~2:1,对应浆液密度 1.65~1.29,单液水泥浆密度可参考表 7-12。

表 7-12 水泥浆密度对比及水泥加量表

水灰比(质量)	0.7:1	0.8:1	0.9:1	1:1	1.5:1	2:1
浆液密度/(g/mL)	1.65	1.59	1.54	1.50	1.36	1.29
1 m³ 浆水泥量/kg	970	883	810	750	544	430

7.3.1.3 注浆压力设计

鉴于出水点工作面南侧有采空区,出水点附近距三灰含水层又较近,推断三灰为间接导水通道,底板遭受破坏。压力过大,易使底板隔水层破坏加剧,造成水量反复;压力太小,又影响进浆量和堵水效果。综合考虑确定终孔压力为静水压的 1.5 倍(静止水压约 6.5 MPa,设计终压 10.5 MPa,终压时浆液密度不大于 1.30 g/mL),当注浆压力达相应设计终止压力时,或吸浆量小于 50 L/min 时,应终止注浆。

7.3.1.4 技术要求

(1)注浆过程不宜间断,要保证水泥的供应;注浆设备及管路均需备用一台套。当确实无法连续注浆时,应压清水冲洗管路及通道,2 h 内复注的流量可保持与注浆量相同,2 h 以后,可减小流量,但不能小于注浆量的 0.5 倍,且不能间断。

(2)注入的水泥浆液必须进行二次搅拌。

(3)浆液配比控制。

为了确保浆液质量,必须配备波美度计和密度秤,在制浆过程中经常测试浆液浓度,如发现密度达不到设计要求,应及时调整。

7.3.1.5 注浆流程及操作方法

(1)准备阶段

① 钻孔三开接近采空区顶板时,通过测量落钻距离和漏失量,得知采空区垮落情况,为注浆积累第一手资料。

② 每次下钻前、提钻后,观测并记录钻孔稳定水位,分析钻孔水文情况与其他水位观测点的关系。

③ 参照注浆具体方案,根据单位吸水量、采空区体积等估算注浆量,备足注浆材料。

④ 连接注浆管路,进行管路耐压试验,检查所有供电、供水、注浆设备,并经试运转合格。

⑤ 根据注浆需要配齐有关注浆设备。

⑥ 先压清水试验,根据漏失量情况决定注浆材料和方式。

(2)注浆阶段

① 测量注浆泵实际泵量,根据泵量、浆液密度计算供水量、水泥量和添加剂数量,并选定调速螺旋推进器转速。

② 开启空气压缩机、气动阀门,保持使用过程中所需的压力。

③ 开启供水泵,通过调节阀门和流量调整供水量达到使用要求。

④ 开启调速螺旋推进器,保持均匀下料和吸浆池搅拌机的连续运转。

⑤ 测量浆液实际密度,做好记录,并根据注浆情况对供水量和水泥量做适当调整,保持浆液密度的相对稳定。

⑥ 开启注浆泵,做注水试验,畅通裂隙,确定吸浆量。

⑦ 将注浆泵吸水笼头放入吸浆池内,按要求泵量注浆。

⑧ 注水泥浆时,及时做好注浆记录,不得漏测、漏记。

(3)注浆后处理阶段

① 为防止水泥浆堵管和提管后喷浆,每次注水泥浆结束时马上压清水,压入量为孔内体积的 1~2 倍为宜,直至泵压降至 0.2 MPa 以下。如出现压不进水的情况,应尽快提管冲洗。如需保留再次注浆的条件,则采用间歇压水方式,压水量一般为钻孔体积的 4 倍左右。

② 如注双液浆,则提出并拆卸钻孔内注浆管路,把止浆塞、混合器等拆卸清洗后重新组装。

③ 清理搅拌池、吸浆管汇、注浆泵,对其他注浆设备进行检修维护,放净管路及设备积水。

④ 处理堵水孔,探查注后浆液凝固面、漏水段等,并清洗注浆泵,放净管路及设备积水,为下次注浆做准备。

7.3.1.6 技术操作要求

（1）上料、造浆、司泵严格执行工种岗位责任制，听从注浆指挥的安排，确保顺利实施。同时对积水水位、矿井涌水量及跑浆情况等加密观测，观测地点设专用电话或对讲机，观测结果要及时汇报注浆指挥部。

（2）注浆前应对所有设备进行试运转，确保其符合要求，并有专人对其维护，特别是每次注双液前都必须对活塞、吸浆管、排水高压管以及各部接头处进行检查。混合器底阀结合严密，无泄漏，发现有磨损或泄漏、松动现象要及时排除。压力表质量必须合格。同时取得现场需用的各种水泥浆密度或水灰比数据下的送水量和下灰量的速度和重量，取得可靠的操作相关数据。

（3）每次注浆前后要进行泵量的测量。每次注入双液前都应对注浆系统进行打压试验，以便检验其工作能力和耐压状况，发现异常或达不到设计要求必须立即整改。

（4）旋喷时要求粗径钻具不得放在采空区以内，防止事故发生。

（5）随着骨料的注入使用慢速（75 r/min）转动，送入骨料采用先细后粗的顺序，要保持均匀下料，以保证不埋、卡、夹钻具或能通畅下入为宜，但送水量必须保持不间断，水量不得小于 30.0 m³/h。

（6）注浆过程中必须保证供水、供料的足量及时供应。要求对关键设备要有一定的备用，作为发生意外情况时的应急措施。

（7）孔内混合器在钻孔内的位置要根据双液配比试验参数、造浆、注浆系统试运转时孔内吸浆量、压力等情况灵活设定，但其在孔内的深度必须在安全孔段。

（8）注浆操作时，要求散装水泥罐下料口、高速制浆器送水口、水泥浆泵、水玻璃泵、供电供水系统、供料等都必须要有技术熟练的专人和责任心强的人员进行操作。必须通力合作，听从指挥，注意力集中，能在出现异常情况时有一定的处理经验，防止出现孔内注浆事故。

（9）所有钻机人员不要远离钻机，一旦发生中途起压，可以迅速打开孔口，把注浆钻具提拉上来，并立即下钻冲孔，进行注水打压，把双液浆凝固带打开，以利下一步继续注浆。

7.3.2 盖帽注浆方法与工艺

7.3.2.1 注浆方法与工艺

XY-3、XY-4孔注浆目的是通过盖帽注浆盖压出水点，封堵水口，为通道注浆创造良好条件。先注骨料充填采空区内岩石空隙、后注水泥浆固结为混凝土。等混凝土凝固24 h后，扫孔做注水试验，当有明显掉钻大于 0.30 m 或单位吸水量大于 16～20 L/min 时，应重复注骨料（粒径由小到大，一律从中粗砂、米石开始探索灌注）和旋喷注浆封堵；否则可注水泥浆封堵。

多次注浆成功后（孔底不坍塌，不漏水），继续钻进，兼做导水通道注浆，封堵导水通道。采用下行方式注浆，逢漏（漏失量大于 10.0 m³/h）注浆封堵。根据钻探揭示的实际地质及水文地质条件，对钻孔的裸孔段，采取下行、大小间歇、复扫、复注的方式，达到注浆终止条件为止，凝固24 h后，继续钻进，遇漏重复注浆，直至设计终孔深度为止。在静水条件下采用单液水泥浆为主，必要时可添加速凝材料（水玻璃）或细骨料。

7.3.2.2 注浆材料与配比

（1）盖帽注浆材料与配比

盖帽注浆采用的材料有石子、砂子及水泥,水泥、砂子和石子用量参照常规混凝土,质量比为 $1：1：2.5$(砂石再换算为体积用量,每吨水泥配浆后需砂子 $0.67\ \mathrm{m^3}$,石子 $1.45\ \mathrm{m^3}$),各种材料预计用量按圆台形体估算,顶部扩散半径按 $10.00\ \mathrm{m}$,底部 $15.00\ \mathrm{m}$,采空区空隙系数按 0.5 估算,充填率按 0.7 估算,单孔充填空间约 $700.0\ \mathrm{m^3}$。

各种材料预计用量及规格要求如下:

① 石子

采用米石,粒径 $5\ \mathrm{mm}$ 左右,石子应选用一次成材的坚硬灰岩,颗粒均匀,呈棱角状,预计用量 $380.0\ \mathrm{m^3}$。

② 砂子

应选用干净的中细河砂,含泥量不应超过 3%,预计用量 $170.0\ \mathrm{m^3}$。

③ 水泥

水泥标号为 Po42.5(R)普通硅酸盐水泥,不变质,不过期,水泥浆的水灰比为 $1：1$,预计用量 $130.0\ \mathrm{t}$,考虑水泥稀释,按 $200.0\ \mathrm{t}$ 预计。

(2) 延深后通道注浆材料与配比

延深后通道注浆材料与配比同 XY-1、XY-2 钻孔注浆要求。

7.3.2.3 注浆压力设计

第一次盖帽注浆,按设计注浆量计算,不做注浆压力要求;一次或多次盖帽后,漏失量明显减小或有明显起压后,终止注浆压力可由起压逐步提高至设计终止压力(每次 $2.0\ \mathrm{MPa}$),证实盖帽成功。

盖帽成功后,继续延深钻进,转为封堵通道注浆,终止注浆压力及漏失量同 XY-1、XY-2 钻孔注浆要求。

7.3.2.4 技术要求

(1) 注浆连续性要求。

注浆过程不宜间断,要保证水泥的供应;注浆设备及管路均有备用设施。当确实无法连续注浆时,应压清水冲洗管路及通道,$2\ \mathrm{h}$ 内的流量可保持与注浆量相同,$2\ \mathrm{h}$ 以后,可减小流量,但不能小于注浆量的 0.5 倍,且不能中断。

(2) 注入的水泥浆液必须进行二次搅拌。

(3) 浆液配比控制。

为了确保浆液质量,必须配备波美度计,经常测试浆液浓度,如发现异常,应及时调整。

7.3.2.5 注浆流程及操作方法

(1) 准备阶段

① 钻孔三开钻穿采空区顶板时,通过测量落钻距离,得知采空区垮落情况,为注骨料积累第一手资料。

② 每次下钻前、提钻后,观测并记录钻孔稳定水位,分析钻孔水文情况与其他水位观测点的关系。

③ 参照注浆具体方案,根据单位吸水量、采空区体积等估算注浆量,备足注浆材料。

④ 连接注浆管路,进行管路耐压试验,检查所有供电、供水、注浆设备,并经试运转

合格。

⑤ 根据注浆需要配齐有关注浆设备。

⑥ 先压清水试验,根据漏失情况决定注浆材料和注浆方式。

(2)注浆阶段

① 注骨料:

a. 对采空区注骨料时,平均粒径 5 mm,最大粒径不超过 10 mm,使用前要用筛子进行筛选,并按要求比例混合均匀。采用加料漏斗水冲式下骨料,水骨比应不低于 20∶1。

b. 注硬骨料时,要在孔内下入 φ50 mm 钻杆,要求钻杆底口必须在所填充层上部 0.50 m 左右的高度,并处于安全孔段。开动清水泵由人工将骨料源源不断地冲入目的层,开泥浆泵通过钻杆往孔内压水,并不断窜动钻具,探测骨料堆积高度。高度超过 1.00 m 时,转动钻杆,将其排入受注层内。石子面距孔口在 0.50~0.80 m 时,停止投石子,开始注砂子,直到砂堆顶面距孔口不大于 0.20 m 为止。

c. 当骨料送入后引起堵孔时,要加大水量,进行转、窜、扫,尽量不要硬拧、强拉硬提、要求钻具尽量不要超出套管底口位置。

d. 注骨料时,做好用料记录。

② 旋喷注浆:

采空区填满后,要用比其上孔径小一级或两级的无芯钻具下钻进行扫孔旋喷,使用慢速,水泥浆液密度一般控制在 1.70 g/cm³ 左右,要反复进行,直到其结为一体。

③ 等混凝土凝固 48 h 后,扫孔探孔深并做注水试验,当掉钻大于 0.30 m 或单位吸水量大于 16~20 L/min 时,应重复注骨料(粒径由小到大,一律从中粗砂、米石开始探索灌注),后旋喷注浆;否则可注水泥浆封堵。

④ 单液水泥浆:

单液水泥浆注浆流程及操作方法同 XY-1、XY-2 钻孔注浆要求。

7.4 钻孔施工及注浆

7.4.1 钻孔结构

4 个钻孔的结构数据见表 7-13、表 7-14、表 7-15、表 7-16,结构示意图如图 7-7、图 7-8、图 7-9、图 7-10 所示。

表 7-13 XY-1 钻孔结构数据表

钻头尺寸/mm	孔深/m	套管层序	套管尺寸/mm	套管下深/m	水泥返深/m
380	478.49	表层套管	244.5	478.39	地面
215.9	695.41	技术套管	177.8	695.04	地面
152.4	830.00	裸孔			

表 7-14　XY-2 钻孔结构数据表

钻头尺寸/mm	孔深/m	套管层序	套管尺寸/mm	套管下深/m	水泥返深/m
444.5	9.00	导管	400.0	9.00	地面
350	478.13	表层套管	244.5	478.13	地面
215.9	683.63	技术套管	177.8	680.39	地面
152.4	817.00	裸孔			

表 7-15　XY-3 钻孔结构数据表

钻头尺寸/mm	孔深/m	套管层序	套管尺寸/mm	套管下深/m	水泥返深/m
444.5	9.00	导管	400.0	9.00	地面
350	500.02	表层套管	244.5	478.18	地面
215.9	651.50	技术套管	177.8	638.00	地面
152.4	783.07	裸孔			

表 7-16　XY-4 钻孔结构数据表

钻头尺寸/mm	孔深/m	套管层序	套管尺寸/mm	套管下深/m	水泥返深/m
444.5	9.00	导管	400.0	9.00	地面
350	486.00	表层套管	244.5	486.00	地面
215.9	656.00	技术套管	177.8	656.00	地面
152.4	764.76	裸孔			

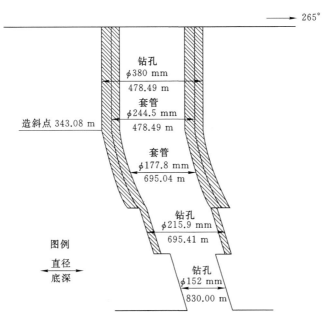

图 7-7　XY-1 孔结构示意图

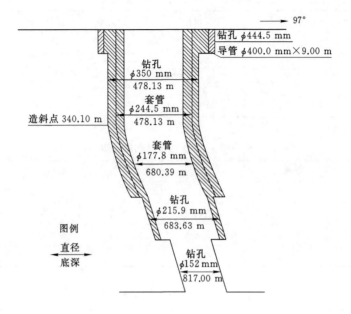

图 7-8　XY-2 孔结构示意图

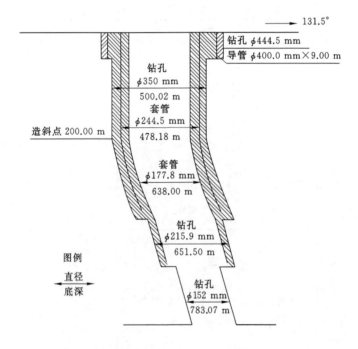

图 7-9　XY-3 孔结构示意图

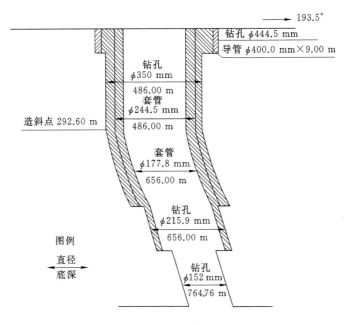

图 7-10 XY-4 孔结构示意图

7.4.2 实钻轨迹

实际钻孔测斜数据见表 7-17、表 7-18、表 7-19、表 7-20。

表 7-17 XY-1 实际钻孔测斜数据表

测深 /m	井斜 /(°)	网格方位 /(°)	垂深 /m	北坐标 /m	东坐标 /m	视平移 /m	狗腿度 /(°/30 m)
0.00	0.00	0.00	0.00	0.00	0.00	0.00	0.00
50.00	0.10	28.60	50.00	0.04	0.02	−0.02	0.06
100.00	0.14	46.20	100.00	0.12	0.09	−0.09	0.03
150.00	0.29	304.60	150.00	0.23	0.03	−0.04	0.21
200.00	0.25	78.90	200.00	0.33	0.03	−0.05	0.30
250.00	0.13	75.30	250.00	0.36	0.19	−0.22	0.07
300.00	0.27	312.30	300.00	0.45	0.16	−0.19	0.21
343.08	0.40	308.80	343.08	0.62	−0.03	−0.01	0.09
352.13	0.70	272.80	352.13	0.64	−0.11	0.07	1.47
361.69	1.01	269.50	361.69	0.64	−0.26	0.21	0.98
380.72	2.33	267.90	380.71	0.63	−0.81	0.76	2.08
390.48	3.34	266.50	390.46	0.60	−1.29	1.25	3.11
400.26	4.09	265.90	400.22	0.56	−1.92	1.88	2.30
419.62	6.81	266.10	419.49	0.43	−3.76	3.72	4.21

表 7-17(续)

测深/m	井斜/(°)	网格方位/(°)	垂深/m	北坐标/m	东坐标/m	视平移/m	狗腿度/(°/30 m)
429.25	8.44	264.70	429.03	0.33	−5.03	5.00	5.11
439.01	9.49	265.20	438.67	0.19	−6.55	6.52	3.24
448.80	10.72	264.80	448.31	0.04	−8.26	8.24	3.78
458.55	11.24	263.60	457.88	−0.14	−10.11	10.09	1.75
468.05	11.95	264.20	467.19	−0.35	−12.00	12.00	2.27
477.74	12.57	264.90	476.66	−0.54	−14.05	14.06	1.97
491.70	14.46	265.80	490.23	−0.80	−17.30	17.32	4.09
517.20	14.50	265.20	514.92	−1.30	−23.66	23.69	0.18
526.78	16.83	265.40	524.14	−1.52	−26.24	26.28	7.30
536.64	17.91	264.90	533.55	−1.77	−29.17	29.22	3.32
546.29	19.47	265.50	542.69	−2.02	−32.25	32.32	4.89
556.06	20.13	264.90	551.89	−2.30	−35.55	35.62	2.12
565.82	22.06	265.10	560.99	−2.61	−39.05	39.14	5.94
585.24	22.94	266.80	578.93	−3.13	−46.46	46.57	1.69
594.81	22.55	266.40	587.76	−3.35	−50.16	50.27	1.32
604.61	22.29	266.40	596.82	−3.58	−53.89	54.01	0.80
614.32	22.63	265.70	605.79	−3.84	−57.59	57.71	1.34
624.10	23.20	265.00	614.80	−4.15	−61.38	61.52	1.94
633.85	23.25	265.10	623.76	−4.48	−65.21	65.37	0.20
643.62	21.09	266.40	632.81	−4.75	−68.89	69.05	6.80
653.19	21.15	265.90	641.73	−4.99	−72.33	72.50	0.60
662.76	21.45	266.20	650.65	−5.23	−75.80	75.98	1.00
672.63	21.31	265.90	659.84	−5.47	−79.39	79.58	0.54
682.41	21.40	265.10	668.95	−5.75	−82.94	83.14	0.94
704.00	22.40	265.10	688.98	−6.44	−90.96	91.19	1.39
764.00	21.00	265.10	744.73	−8.34	−113.06	113.37	0.70
783.00	20.50	265.10	762.50	−8.91	−119.77	120.10	0.79
830.00	20.00	265.10	806.59	−10.30	−135.98	136.37	0.32

表 7-18　XY-1 分支实际钻孔测斜数据表

测深/m	井斜/(°)	网格方位/(°)	垂深/m	北坐标/m	东坐标/m	视平移/m	狗腿度/(°/30 m)
708.00	22.31	265.10	692.68	−6.57	−92.48	92.71	0.00
710.99	21.57	266.30	695.45	−6.65	−93.59	93.83	8.65
720.47	19.19	268.50	704.34	−6.81	−96.89	97.13	7.91

表 7-18（续）

测深 /m	井斜 /(°)	网格方位 /(°)	垂深 /m	北坐标 /m	东坐标 /m	视平移 /m	狗腿度 /(°/30 m)
730.09	17.16	271.80	713.48	−6.80	−99.89	100.12	7.10
739.78	15.51	274.40	722.78	−6.66	−102.61	102.82	5.59
749.41	15.32	276.40	732.06	−6.42	−105.16	105.35	1.76
759.19	15.35	279.50	741.49	−6.06	−107.72	107.88	2.52
768.95	15.41	283.50	750.90	−5.55	−110.25	110.37	3.27
778.65	15.36	286.10	760.26	−4.89	−112.74	112.80	2.14
788.22	15.31	290.90	769.49	−4.09	−115.14	115.14	3.98
797.82	14.86	293.30	778.76	−3.15	−117.45	117.38	2.41
807.59	14.63	292.30	788.20	−2.18	−119.74	119.60	1.05
820.00	14.23	290.40	800.22	−1.06	−122.62	122.40	1.50

表 7-19　XY-2 实际钻孔测斜数据表

测深 /m	井斜 /(°)	网格方位 /(°)	垂深 /m	北坐标 /m	东坐标 /m	视平移 /m	狗腿度 /(°/30 m)
0.00	0.00	0.00	0.00	0.00	0.00	0.00	0.00
35.00	0.10	156.10	35.00	−0.03	0.01	0.01	0.09
73.60	0.50	145.30	73.60	−0.20	0.12	0.14	0.31
112.80	0.60	90.00	112.80	−0.34	0.42	0.45	0.40
151.10	0.50	202.00	151.10	−0.49	0.56	0.61	0.72
190.00	0.40	93.20	190.00	−0.66	0.63	0.69	0.57
228.40	0.80	105.30	228.39	−0.74	1.03	1.09	0.33
267.30	0.60	109.00	267.29	−0.87	1.48	1.56	0.16
340.10	0.60	99.60	340.09	−1.06	2.22	2.31	0.04
369.40	3.30	98.80	369.37	−1.22	3.20	3.30	2.76
399.80	5.10	99.40	399.68	−1.57	5.40	5.52	1.78
408.30	6.60	94.50	408.14	−1.67	6.26	6.39	5.58
437.50	9.60	97.50	437.05	−2.12	10.35	10.50	3.11
466.80	13.00	96.10	465.77	−2.79	16.05	16.24	3.49
486.40	13.90	96.80	484.84	−3.30	20.58	20.80	1.40
515.50	12.80	95.40	513.15	−4.02	27.26	27.51	1.18
534.90	13.00	92.10	532.06	−4.30	31.58	31.84	1.18
554.40	12.70	96.70	551.07	−4.63	35.90	36.17	1.64
583.60	13.90	96.30	579.49	−5.39	42.57	42.89	1.24
612.50	13.90	97.30	607.54	−6.21	49.47	49.83	0.25
710.00	12.50	97.30	702.46	−9.04	71.55	72.08	0.43
817.00	12.00	97.30	807.03	−11.93	94.07	94.77	0.14

表 7-20　XY-3 实际钻孔测斜数据表

测深 /m	井斜 /(°)	网格方位 /(°)	垂深 /m	北坐标 /m	东坐标 /m	视平移 /m	狗腿度 /(°/30 m)
50.00	0.11	301.80	50.00	0.03	−0.04	−0.05	0.07
100.00	0.17	279.30	100.00	0.06	−0.15	−0.16	0.05
179.11	0.22	265.70	179.11	0.07	−0.42	−0.36	0.03
188.69	0.26	309.70	188.69	0.08	−0.46	−0.40	0.57
198.25	0.26	337.60	198.25	0.12	−0.48	−0.44	0.39
207.87	0.57	111.00	207.87	0.12	−0.45	−0.41	2.41
217.28	2.29	131.00	217.28	−0.02	−0.26	−0.18	5.63
226.85	4.11	131.50	226.83	−0.37	0.14	0.35	5.71
236.40	5.84	131.70	236.34	−0.92	0.76	1.18	5.43
245.99	7.43	131.80	245.87	−1.66	1.59	2.29	4.97
255.59	8.98	131.10	255.37	−2.57	2.61	3.66	4.85
265.16	10.69	131.20	264.80	−3.64	3.84	5.29	5.36
274.71	12.48	132.40	274.16	−4.92	5.27	7.21	5.67
284.37	14.37	131.80	283.55	−6.43	6.94	9.45	5.89
293.91	16.13	131.30	292.75	−8.09	8.82	11.96	5.55
303.51	17.80	131.00	301.94	−9.93	10.93	14.76	5.23
313.22	19.38	132.10	311.14	−11.99	13.24	17.86	5.00
320.79	18.90	131.20	318.29	−13.64	15.10	20.34	2.23
330.36	18.90	131.20	327.35	−15.68	17.43	23.44	0.00
341.36	18.98	131.00	337.75	−18.02	20.12	27.01	0.28
351.57	19.12	130.90	347.40	−20.21	22.64	30.34	0.42
361.15	19.42	131.10	356.44	−22.28	25.02	33.50	0.96
370.84	19.40	132.00	365.58	−24.42	27.43	36.72	0.93
380.40	19.50	130.80	374.60	−26.52	29.82	39.91	1.29
389.99	19.30	131.20	383.64	−28.61	32.22	43.09	0.75
399.64	19.47	131.30	392.75	−30.73	34.63	46.30	0.54
409.20	19.58	131.63	401.76	−32.84	37.03	49.49	0.49
418.84	19.80	131.45	410.83	−35.00	39.46	52.74	0.71
428.42	19.58	131.81	419.85	−37.14	41.87	55.97	0.79
438.01	19.25	132.37	428.90	−39.28	44.24	59.15	1.19
447.62	18.70	131.90	437.98	−41.37	46.55	62.28	1.78
457.19	18.85	132.35	447.05	−43.44	48.84	65.36	0.65
466.78	18.83	131.30	456.12	−45.50	51.14	68.45	1.06
476.40	18.75	130.80	465.23	−47.54	53.48	71.55	0.56
486.02	18.83	132.30	474.34	−49.59	55.80	74.65	1.53

表 7-20(续)

测深 /m	井斜 /(°)	网格方位 /(°)	垂深 /m	北坐标 /m	东坐标 /m	视平移 /m	狗腿度 /(°/30 m)
495.58	19.17	131.90	483.38	−51.68	58.11	77.76	1.14
524.30	18.80	131.80	510.53	−57.91	65.07	87.11	0.39
533.96	19.10	131.52	519.67	−60.00	67.41	90.24	0.97
553.45	19.30	131.45	538.08	−64.24	72.21	96.65	0.31
582.22	19.45	131.28	565.22	−70.55	79.38	106.20	0.17
611.18	18.60	131.15	592.59	−76.77	86.48	115.64	0.88
620.73	18.83	131.05	601.64	−78.79	88.79	118.70	0.73
650.00	18.50	131.05	629.37	−84.94	95.85	128.07	0.34
700.00	18.00	131.05	676.85	−95.22	107.66	143.73	0.30
715.45	18.00	131.05	691.55	−98.36	111.26	148.50	0.00
773.00	18.00	131.05	746.28	−110.04	124.67	166.28	0.00

表 7-21 XY-4 实际钻孔测斜数据表

测深 /m	井斜 /(°)	网格方位 /(°)	垂深 /m	北坐标 /m	东坐标 /m	视平移 /m	狗腿度 /(°/30 m)
0.00	0.00	0.00	0.00	0.00	0.00	0.00	0.00
293.53	0.31	64.30	293.53	0.34	0.72	−0.50	0.03
303.07	0.50	83.00	303.07	0.36	0.78	−0.53	0.72
312.57	1.41	115.90	312.57	0.31	0.93	−0.52	3.24
322.08	1.14	135.40	322.07	0.20	1.10	−0.44	1.60
331.58	1.41	140.50	331.57	0.04	1.24	−0.32	0.92
341.11	2.99	170.90	341.10	−0.30	1.35	−0.02	6.02
350.63	4.97	182.70	350.59	−0.95	1.37	0.61	6.72
360.18	7.69	186.30	360.08	−2.00	1.28	1.65	8.63
369.63	10.24	189.20	369.42	−3.46	1.08	3.12	8.22
379.21	12.92	191.20	378.80	−5.35	0.73	5.04	8.48
388.78	15.29	192.30	388.08	−7.64	0.26	7.37	7.48
398.32	17.23	193.50	397.24	−10.24	−0.34	10.04	6.19
408.02	17.89	194.60	406.49	−13.08	−1.05	12.97	2.28
417.54	19.42	195.00	415.51	−16.02	−1.83	16.01	4.84
427.07	19.95	195.20	424.48	−19.12	−2.67	19.22	1.68
436.62	20.43	196.30	433.44	−22.29	−3.56	22.51	1.92
446.17	20.00	197.10	442.41	−25.45	−4.51	25.81	1.61
455.63	19.86	195.50	451.30	−28.55	−5.41	29.03	1.79
465.38	19.69	196.20	460.47	−31.72	−6.31	32.32	0.90

表 7-21(续)

测深 /m	井斜 /(°)	网格方位 /(°)	垂深 /m	北坐标 /m	东坐标 /m	视平移 /m	狗腿度 /(°/30 m)
474.98	19.60	196.20	469.51	−34.82	−7.21	35.55	0.28
491.81	19.73	191.50	485.36	−40.31	−8.57	41.20	2.83
501.33	19.86	191.20	494.32	−43.48	−9.20	44.43	0.52
510.88	20.08	192.20	503.30	−46.67	−9.86	47.69	1.28
520.45	20.39	192.70	512.28	−49.90	−10.58	51.00	1.11
529.98	20.61	192.50	521.20	−53.16	−11.31	54.33	0.73
539.59	20.96	192.60	530.19	−56.49	−12.05	57.74	1.10
549.13	21.71	193.50	539.07	−59.87	−12.83	61.21	2.57
558.71	22.19	193.10	547.96	−63.35	−13.66	64.80	1.57
568.36	22.37	194.40	556.89	−66.91	−14.52	68.45	1.63
577.98	22.37	193.70	565.79	−70.46	−15.41	72.11	0.83
587.56	22.68	193.30	574.63	−74.03	−16.27	75.78	1.08
597.13	22.32	194.20	583.48	−77.58	−17.14	79.45	1.56
606.96	22.37	193.80	592.57	−81.21	−18.04	83.18	0.49
619.13	22.00	193.80	603.84	−85.67	−19.14	87.78	0.91
716.74	20.50	193.80	694.81	−120.03	−27.58	123.15	0.46
764.76	20.00	193.80	739.86	−136.17	−31.54	139.77	0.31

实际轨道垂直投影、水平投影示意图分别如图 7-11～图 7-18 所示。

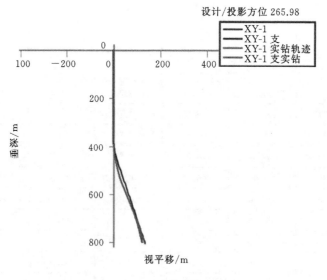

图 7-11 XY-1 垂直投影示意图

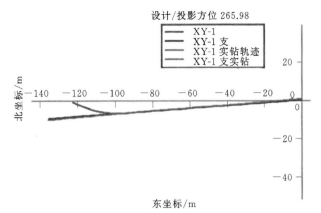

图 7-12　XY-1 水平投影示意图

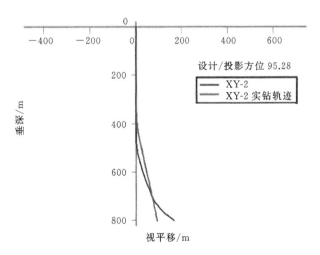

图 7-13　XY-2 垂直投影示意图

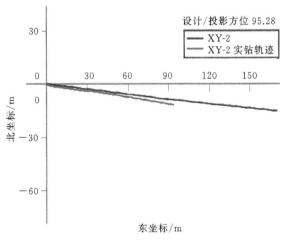

图 7-14　XY-2 水平投影示意图

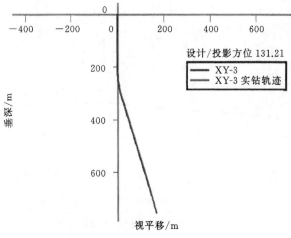

图 7-15　XY-3 垂直投影示意图

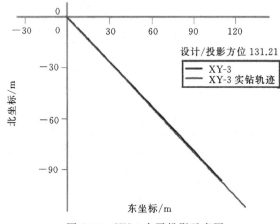

图 7-16　XY-3 水平投影示意图

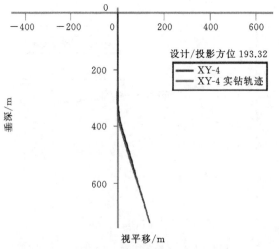

图 7-17　XY-4 垂直投影示意图

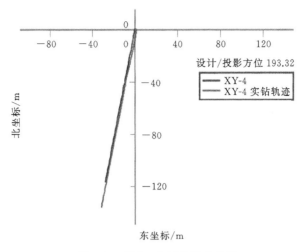

图 7-18　XY-4 水平投影示意图

7.4.3　施工过程

7.4.3.1　XY-1 钻孔施工过程

2018 年 9 月 12 日搬入井场,9 月 15 日 18:30 一开钻进,钻进至孔深 510.00 m,孔径 215.9 mm,然后扩孔,扩孔钻头直径 380.0 mm,9 月 27 日扩至 478.49 m。9 月 28 日下 ϕ244.5 mm 套管 47 根,下深 479.39 m,固井候凝。

2018 年 10 月 1 日 8:40 二开,钻进至 702.20 m 见 3#煤层,钻进至 704.00 m 全泵量漏失,起钻测水位标高为 -80.00 m(副井水位标高为 -221.91 m,奥灰长观孔水位标高为 -210.23 m)。10 月 5 日注浆,候凝后下钻。10 月 8 日钻进至 695.41 m,下 ϕ177.8 mm 套管 63 根,下深 695.0 4 m,固井候凝。

2018 年 10 月 12 日 4:40 三开钻进至 744.83 m,在 735.00 m 开始全泵量漏失,顶漏钻进 9.83 m,孔深 744.83 m,起钻测水位标高为 -154.0 0m(当时副井水位标高为 -199.11 m,奥灰长观孔水位标高为 -191.38 m)。18:00 开始注浆,至 2018 年 10 月 19 日 18:00 开始注双液浆。在注浆的过程中,因孔口压力升至 4.0 MPa,注浆泵安全阀被打开,21:00 停止注双液浆,压清水未成功,下钻扫孔。

10 月 20 日扫孔至原孔深,继续钻进至 754.27 m 全泵量漏失,顶漏钻进至 763.90 m,起钻测水位标高为 -220.00 m(当时副井水位标高为 -230.32 m,奥灰长观孔水位标高为 -168.94 m)。

10 月 21 日 2:00 至 16:00 注浆,候凝,测水位标高为 -90.00m(当时副井水位标高为 -234.45 m,奥灰长观孔水位标高为 -167.21m),注满清水,下降缓慢,下钻扫孔。

10 月 24 日钻进至孔深 783.00 m 漏失,钻进至孔深 784.60 m 起钻。起钻后测水位标高为 -163.00 m(当时副井水位标高为 -254.26 m,奥灰长观孔水位标高为 -159.95 m),10 月 25 日 1:30 开始注浆,10 月 26 日 19:50 停注,替清水候凝。

10 月 26 日下钻扫水泥塞,扫孔至孔底全泵量漏失,起钻测水位标高为 -38.00 m,10 月 28 日 6:50 提钻测水位标高为 -165.80 m(当时副井水位标高为 -270.14 m,奥灰长观孔水位标高为 -152.79 m),9:40 至 19:40 注浆,因 XY-4 号卡钻未替清水,下钻扫水泥塞至

753.00 m，短起至套管候凝。

10月30日扫水泥塞至孔底钻进，10月31日完钻井深830.00 m，消耗量30.0 m³/h。

11月1日起钻完后孔口返水，于10:30注浆，孔口压力2.5 MPa，19:00替清水114.00 m³，21:50注浆。11月2日19:00孔口压力达到4.0 MPa，达注浆设计压力，替清水20.0 m³，候凝。

11月3日下钻扫水泥塞，11月5日扫孔至孔底，循环后替清水达到要求起钻。11月5日6:50测水位标高为－123.00 m（当时副井水位标高为－290.69 m，奥灰长观孔水位标高为－138.14 m），之后孔口注满水观测水位降深，11月6日压清水53.0 m³，1:30开始注浆，11月9日11:40孔口压力达到本次注浆设计压力7.0 MPa，替清水50.0 m³，替浆压力最大9.0 MPa，候凝。

11月10日18:55测水位标高为－368.00 m（当时副井水位标高为－414.87 m，奥灰长观孔水位标高为－129.26 m），下钻扫孔。11月11日扫至孔底，起钻，注满水后测水位候凝，距离孔口34.00 m。12日16:00开始注清水50.0 m³后因XY-2井施工，关闭井口阀门等待。14日4:00到26日16:50注浆，孔口压力最大9.0 MPa。

11月30日20:00下钻开始侧钻打分支，分支孔深820.00 m，目的是验证注浆效果和探明突水通道构造。

2018年12月3日7:00测水位标高为－121.00 m（当时副井水位为－689.16 m，奥灰长观孔水位标高为－102.68 m），监测水位和奥灰水比较接近，和奥灰水有连通性。12月13日13:00开始注浆，12月16日17:04注浆结束。本次注浆1 153.5 m³，注清水15.3 m³，孔口最大压力12.0 MPa。

2018年12月17日12:30下钻透孔，17:36透孔至710.00 m，提钻，23:11提钻后水位标高为－72.90 m。

2018年12月17日23:44孔口注满清水，测量水位变化情况。

7.4.3.2 XY-2施工过程简述

XY-2孔9月19日开钻，9月24日孔深370.10 m开始定向钻进，9月29日用ϕ350 mm钻头扩孔至孔深478.13 m，下ϕ244.5套管479.52 m。10月10日，用ϕ211 mm钻头钻进至孔深683.63 m，下ϕ177.8套管680.39 m。10月13日继续钻进，在690.00 m见煤，692.00 m全泵量漏失，顶漏钻进至孔深706.56 m，10月14—10月19日注浆3 000.0 m³（加砂）。

10月21日透孔并钻进至孔深710.60 m，在孔深695.00 m仍全漏失，10月21—10月22日注浆700.0 m³（注双液浆）。

10月23透孔后继续注浆，10月24—10月25日注浆702.5 m³，起压4.0 MPa，候凝。

10月26透孔后继续钻进，在孔深702.00 m处漏失，顶漏钻进至孔深729.00 m，提钻注浆；10月27—28日注浆500.0 m³，起压6.0 MPa，停止注浆。

10月29日透孔后钻孔仍漏失并坍塌，再次注浆，10月30日—11月02日注浆2 800.0 m³，起压4.5 MPa，候凝。

11月10日透孔后继续钻进至孔深817.00 m处终孔，提钻注浆。11月15日—11月25日注浆，本次注浆4 036.0 m³。压清水起压13.5 MPa，不吸浆，关闭阀门30 min，压力仍维持在13.0 MPa，终止注浆。11月28日封闭裸孔段（孔深660.00～817.00 m）。

7.4.3.3 XY-3 施工过程简述

2018 年 9 月 15 日设备进场。9 月 18 日 20:00 一开开钻,一开孔深 500.02 m;9 月 27 日下 ϕ244.5 mm 套管 478.18 m 并固井。

9 月 30 日 12:10 二开钻进;10 月 1 日钻进至 632.50 m,全泵量漏失,提钻测水位,测得水位标高为 −63.70 m,调泥浆,加锯末、棉籽壳堵漏成功。10 月 2 日钻进至 645.00 m,全泵量漏失,顶漏钻进至 651.50 m,提钻测水位,测得水位标高为 −126.00 m。10 月 4 日 20:30—24:00 注浆堵漏。10 月 6 日 20:00—10 月 7 日 4:30 下 ϕ177.8 mm 套管 638.00 m,并固井。

10 月 9 日 14:00,扫孔至 643.50 m 全泵量漏失,顶漏钻进至 661.00 m。10 月 9 日 22:07—10 月 10 日 7:50 注浆堵漏。10 月 10 日 20:05—10 月 11 日 0:30 注双液浆。10 月 12 日扫孔至 648.00 m 全泵量漏失,顶漏钻进至 715.45 m,提钻测水位标高为 −140.00 m;10 月 12 日 22:30—10 月 16 日 9:00 注水泥浆。根据施工需要,继续向下钻进加固煤层底板及突水通道。

10 月 17 日 6:00 扫孔至 715.00 m 泥浆消耗量 60.0 m³/h,钻进至 722.00 m 全泵量漏失,顶漏钻进至 734.51 m,提钻测水位标高为 −204.20 m。10 月 17 日 13:50—10 月 19 日 18:05 注水泥浆;10 月 20 日扫孔至 719.00 m,泥浆消耗 6.0 m³/h,钻进至 734.00 m,泥浆消耗 10.0 m³/h,钻进至 742.00 m,泥浆消耗量 20.0 m³/h,顶漏钻进至 773.38 m,提钻测水位标高为 −61.20 m。10 月 21 日 5:30—10 月 22 日 3:00 注水泥浆,候凝 12 h 后,压清水 25.0 m³,10 月 22 日 20:00—22:40 注双液浆,孔口压力 8.0 MPa,下钻透孔至原孔底 773.38 m,在 760.00~773.38 m 漏失量 22.0~35.0 m³/h。10 月 23 日 20:30 钻进至 783.07 m,调浆冲孔,孔底沉淀岩粉 4.00 m。

10 月 24 日 0:00—10:00 由于孔底沉淀岩粉达 4.00 m,循环泥浆无法携带出岩粉,无法加尺,准备注浆。11:15—12:00 注水泥浆 10.4 m³,密度 1.70 g/cm³。在此过程中,出现孔内卡钻事故。到 11 月 1 日,经过几天的处理,孔内被封钻具大部被提出,还遗留钻具总长 114.46 m(647.88~762.34 m)。

11 月 2 日 20:30—11 月 6 日 5:30 注水泥浆,孔口压力 7.7 MPa。候凝 72h 后,11 月 9 日 11:35—11 月 18 日 17:40 注浆完毕,注清水 16.9 m³,孔口压力最大达 9.8 MPa,关阀门整压,候凝 24 h。11 月 19 日 17:40 注清水 0.30 m³,孔口压力达到 12.0 MPa。

11 月 25 日,下钻对全孔进行封闭。

7.4.3.4 XY-4 施工过程简述

XY-4 孔 9 月 16 日开钻,9 月 23 日孔深 296.20 m 开始定向钻进,26 日钻进至孔深 487.05 m,29 日用 ϕ350 mm 钻头扩孔至孔深 486.00 m,下 ϕ244.5 mm 套管 486.00 m 并固井。

10 月 6 日,钻进至孔深 656.00 m,下 ϕ177.8 mm 套管 656.00 m 并固井。

10 月 10 日继续钻进至 657.00 m 全漏失,顶漏钻进至孔深 689.21 m 全泵量漏失,进行第一次注浆,10 月 11 日—10 月 12 日注浆 1 690.0 m³。

10 月 13 日透孔并钻进至孔深 707.21 m,第二次注浆,10 月 14 日—10 月 19 日注浆 4 913.0 m³。

10 月 19 日透孔,在孔深 706.71 m 处全漏,顶漏钻进至孔深 716.74 m,提钻注浆。10 月 19 日—10 月 20 日进行注浆,注浆 2 038.0 m³。10 月 22 日压清水仍漏失,再次进行双液浆堵漏,注水泥浆 97.2 m³,透孔候凝。

盖帽施工结束后，根据施工需要，继续向下钻进加固煤层底板及过水通道。10 月 23 日，透孔钻进，在孔深 716.50 m 处全漏，顶漏钻进至孔深 726.32 m，10 月 23 日—10 月 25 日进行注浆，本次注浆 998.7 m³。

10 月 25 日，透孔钻进至孔深 736.02 m，钻孔漏失并发生坍塌，进行注浆封堵加固。26 日进行注浆，本次注浆 396.0 m³。

10 月 28 日，透孔钻进至孔深 764.76 m 处，钻孔坍塌埋钻，终止施工。

11 月 29 日，下钻对全孔进行封闭。

7.4.4 注浆量统计

4 个钻孔的注浆量统计见表 7-22、表 7-23、表 7-24、表 7-25。

表 7-22 XY-1 孔注浆量统计表

漏浆时间	漏浆孔深/m	漏浆量	注浆孔深/m	注浆段/m
2018/10/4 3:30	702.20	>110 m³/h	704.00	
2018/10/12 11:00	735.00	>90 m³/h	744.83	695.00～744.83
2018/10/20 17:10	754.27	>90 m³/h	763.90	744.83～763.90
2018/10/24 17:10	783.00	>90 m³/h	784.60	763.90～784.60
2018/10/27 22:00	783.00	>90 m³/h	784.60	763.90～784.60
2018/10/31 15:00	830.00	30m³/h	830.00	784.60～830.00
			830.00	784.60～830.00
2018/11/5	830.00		830.00	784.60～830.00
				695.00～830.00
				695.00～820.00
				695.00～820.00
				695.00～820.00
				695.00～710.00
合计				

注浆开始时间	注浆停止时间	注浆量/m³	水泥浆密度/(g/mL)	孔口压力/MPa
2018/10/5 11:50	2018/10/5 16:40	128.0	1.6	
2018/10/12 18:00	2018/10/19 21:00	11 173.0	1.3～1.7	
2018/10/21 2:00	2018/10/21 16:00	1 010.0	1.6	
2018/10/25 1:30	2018/10/26 19:50	2 033.0	1.5	
2018/10/28 9:40	2018/10/28 19:40	498.0	1.5	
2018/10/31 22:30	2018/11/1 7:00	462.0	1.5	2
2018/11/1 9:50	2018/11/2 19:00	1 531.0	1.6	4
2018/11/6 1:30	2018/11/9 11:40	2 372.0	1.4	7
2018/11/14 4:00	2018/11/26 16:50	5 068.0	1.5	9
2018/12/3 15:32	2018/12/5 20:30	545.1	1.4～1.6	4
2018/12/6 9:25	2018/12/6 14:43	65.6	1.3～1.5	9
2018/12/3 13:00	2018/12/161 7:04	1 153.5	1.3～1.5	12
2018/12/22 12:50	2018/12/23 20:00	313.7	1.1～1.3	10.3
合计		26 352.9		

表 7-23 XY-2 孔注浆量统计表

漏浆时间	漏浆孔深/m	漏浆量	注浆孔深/m	注浆段/m
2018/10/13	692.00	>90 m³/h	706.56	683.63~706.56
2018/10/20	690.00	>90 m³/h	710.60	690.00~710.60
2018/10/24	695.00	>90 m³/h	710.60	690.00~710.60
2018/10/26	702.00	>90 m³/h	730.00	690.00~712.00
2018/10/29	702.00	>90 m³/h	730.00	695.00~712.00
2018/11/13	760~807	30? /h	817	683.00~817.00
合计				
注浆开始时间	注浆停止时间	注浆量/m³	水泥浆密度/(g/mL)	孔口压力/MPa
2018/10/14	2018/10/19	3 000.0	1.6	注砂堵塞
2018/10/21	2018/10/22	700.0	1.6	8(双液)
2018/10/24	2018/10/25	702.5	1.5	4
2018/10/27	2018/10/28	500.0	1.6	0.1
2018/10/30	2018/11/2	2 800.0	1.6	4.5
2018/11/15	2018/11/25	4 036.1	1.4~1.5	13.5
合计		11 738.6		

表 7-24 XY-3 孔注浆量统计表

漏浆时间	漏浆孔深/m	漏浆量	注浆孔深/m	注浆段/m
2018/10/2 15:10	645.00	>90 m³/h	651.50	645.00~651.50
2018/10/9 11:00	643.50	>90 m³/h	643.50	643.50~648.00
2018/10/12 9:00	648.00	>90 m³/h	715.45	648.00~715.45
2018/10/17 6:00	715.00	60 m³/h~>90 m³/h	734.51	715.00~734.51
2018/10/20 14:30	719.00	6~90 m³/h	773.38	719.00~773.38
			773.38	719.00~773.38
			773.38	719.00~773.38
2018/10/24 6:40	783.07	35 m³/h	783.07	773.00~783.07
合计				
注浆开始时间	注浆停止时间	注浆量/m³	水泥浆密度/(g/mL)	孔口压力/MPa
2018/10/4 20:30	2018/10/5 0:00	40.0	1.5~1.7	
2018/10/9 20:10	2018/10/11 0:30	418.96	1.6	
2018/10/12 22:30	2018/10/16 9:00	4 375.1	1.5~1.6	
2018/10/17 13:50	2018/10/19 18:05	3 241.7	1.6	4
2018/10/21 5:30	2018/10/22 3:00	961.0	1.5~1.6	
2018/10/22 20:00	2018/10/22 22:40	126.5	1.5	8
2018/10/24 11:15	2018/10/24 12:00	10.4	1.7	
2018/11/2 20:30	2018/11/6 5:30	2 207.4	1.4~1.5	7.7
2018/11/9 11:35	2018/11/18 17:40	3 779.9	1.2—1.3 1.3—1.4	9.8
2018/11/19 17:40			清水	12
合计		15 160.6		

表 7-25 XY-4 孔注浆量统计表

漏浆时间	漏浆孔深/m	漏浆量	注浆孔深/m	注浆段/m
2018/10/10	657.00	>90 m³/h	689.21	657.00~689.21
2018/10/13	706.00	>90 m³/h	707.21	689.21~707.21
2018/10/19	706.00	>90 m³/h	716.74	707.21~716.74
2018/10/22	707.21	>90 m³/h	716.74	707.21~716.74
2018/10/23	716.50	>90 m³/h	726.32	716.74~726.32
2018/10/25	736.02	>90 m³/h	736.02	716.74~736.02
合计				
注浆开始时间	**注浆停止时间**	**注浆量/m³**	**水泥浆密度/(g/mL)**	**孔口压力/MPa**
2018/10/11	2018/10/12	1 690.0	1.6	
2018/10/14	2018/10/19	4 913.0	1.6	10
2018/10/19	2018/10/20	2 038.0	1.6	
2018/10/22	2018/10/22	97.2	1.5	4
2018/10/23	2018/10/25	998.7	1.6	1.2
2018/10/26	2018/10/27	396.0	1.6	
合计		10 132.9		

7.5 堵水效果评述

7.5.1 盖帽情况

7.5.1.1 钻孔偏斜及在突水点附近的分布情况

本次钻进均采用定向钻进技术,XY-3、XY-4 钻孔设计穿采空区,实际施工均按设计轨迹钻进,揭露采空区位置落在平行于轨道巷出水点后 10.90 m 和 32.50 m 的位置处,与设计偏差分别为 0.90 m 和 2.50 m。XY-1 号孔揭露煤层落点位于出水点东偏北方向 16.68 m处。XY-2 号因设计躲过采空区,绕 1313 工作面轨道巷,揭露煤层点位于采空区外,距出水点约 71.15 m 处。整体上钻孔均按设计轨迹进行了施工,落点位置控制精度较高,如图 7-19所示。不规则四边形内为四钻孔轨迹在标高−695.73 m 处的落点连线位置,圆圈内为盖帽区域范围示意图。

7.5.1.2 盖帽浆液体积计算

根据注浆位置与通道的连通性分析,在煤层顶板至巷道底板 20.00 m 之间(各孔有差异)的注浆均与采空区连通,该阶段的注浆统计为盖帽孔注浆量(包括通道孔在该范围内的注浆量,揭露通道的注浆量虽有部分进入采空区,但不易区分,均统计在通道注浆中)。

XY-1 号孔:在孔深 702.00 m 之前注水泥 78.00 t;

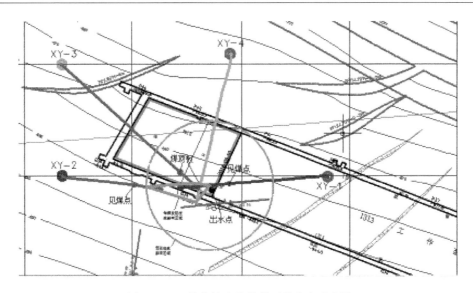

图 7-19   四钻孔轨迹及盖帽区域落点示意图

XY-2 号孔:在孔深 715.45 m 之前注水泥 2 311.82 t;

XY-3 号孔:在孔深 734.51 m 之前注水泥 3 646.86 t;

XY-4 号孔:在孔深 736.02 m 之前注水泥 5 481.48 t;

四孔合计盖帽注水泥量 11 518.16 t。

7.5.2 通道注浆情况

7.5.2.1 注浆位置与通道的连通性分析

因受地质条件(岩性破碎)、施工条件(穿采空区、定向斜孔)限制,注浆位置(漏失点)与通道的连通性主要通过漏失点深度、水位(包括钻孔水位、奥灰长观孔水位、副井水位)、注浆效果和各钻孔间的连通性,分析通道钻孔注浆与通道的连通性。

(1) XY-1 号钻孔注浆位置与通道连通性分析

① XY-1-1 漏失段(点)

该漏失段孔深 702.20~704.00 m(全泵量漏失),为 3# 煤层层位,位于出水点上方,判断是钻孔浆液柱压穿煤层,与采空区连通漏浆,与导水通道无联系,提钻后孔内水位标高−90.00 m(判断为受坍塌及岩粉阻塞的假水位)。

② XY-1-2 漏失段(点)

从孔深 735.00 m 开始全泵量漏失,顶漏钻进至 744.00 m,漏失点位于出水点平面北东方向约 6.34 m,煤层底板以下约 30.00 m,已在底板破坏深度之下,浆液漏失应不是采空区造成的。提钻后孔内水位标高−154.00 m(当日副井水位标高−202.53 m,奥灰水位标高−194.89 m),水位基本与奥灰水位接近,推断与导水通道连通。在此处注浆,从开始注至孔口起压用时达 171 h,注入的水泥浆为 11 173.0 m³,说明钻孔注浆处与导水通道连通性好。并且注浆效果明显,从 10 月 12 日 21:00 开始注浆,注浆仅 5 h 后(10 月 13 日 1:00)副井水位即开始停止上升,转为下降,奥灰水位仍持续上升,证实通道堵水开始起作用;至 2018 年 10 月 14 日 21:00 副井水位开始加速下降,奥灰水位仍持续上升,证实本次通道堵水已起决定性作用。

③ XY-1-3 漏失段(点)

该漏失点在煤层底板以下 48.67 m,已在底板破坏深度之下,浆液漏失应不是采空区造成的,并且在此处注浆,从开始注浆至起压达 14 h,注入的水泥浆为 1 010.0 m³,说明钻孔注浆处与导水通道连通性好。

④ XY-1-4 漏失段(点)

该漏失点深度位于出水点煤层底板以下 57.71～75.48 m,远在三煤底板破坏深度之下;提钻后水位标高－162.70 m(当日副井水位标高－250.96 m,奥灰水位标高－161.35 m),水位与奥灰水位一致,远高于副井水位,判定该漏水位置与导水通道联系十分畅通。在此处注浆,从开始注至起压用时达 52 h 20 min,注入的水泥浆为 2 531.0 m³,说明钻孔注浆处与导水通道连通性好。

⑤ XY-1-5 漏失段(点)

从孔深 783.00 m 钻进过程中有少量消耗,钻进至 830.00 m 终孔时,漏失量增大至 30 m³/h。提钻后水位标高－123.00 m(当日副井水位标高－270.79 m,奥灰水位标高－138.29 m),与奥灰观测孔水位接近,远高于副井水位,判定该漏水位置与导水通道联系畅通。本漏失段共进行了 4 次注浆加固,每次的结束压力较上一次都有所提升,由 2.0 MPa 逐步上升至孔口压力达到 9.0 MPa,四次的累计注浆量 9 433.0 m³。

(2) XY-2 号钻孔注浆位置与通道连通性分析

① XY-2-1 漏失段(点)

该漏失段埋深 690.00～710.00 m(全泵量漏失),为 3# 煤层层位,位于轨道巷外侧煤体内,判断是钻孔浆液柱压穿煤层,与采空区连通漏浆,与导水通道无联系,提钻后孔内水位标高－143.00 m(判断为受坍塌及岩粉阻塞的假水位)。

② XY-2-2 漏失段(点)

该漏失点埋深 710.00～730.00 m(全泵量漏失),平面位于出水点西向约 66.50 m,煤层底板以下 15.65～34.66 m;提钻后孔内水位标高－169.50 m(当日副井水位标高－261.93 m,奥灰水位标高－156.91m),水位基本与奥灰水位接近,推断与通道连通。XY-2 段注浆时,XY-1 孔已在 3# 煤层之下 75.48 m 和 117.00 m,注浆并达到 4.0 MPa 的孔口注浆压力,但 XY-1 孔孔口返水泥浆,且孔内水位上升约 20.00 m,说明 XY-2 孔此孔段不仅与通道连通,也与突水点后方的采空区相连通。

③ XY-2-3 漏失段(点)

埋深 760.00 m、780.00 m 两处出现漏失,漏失量合计约 30.0 m³/h。平面位于出水点西向约 60.00 m,煤层底板以下 63.18～82.19 m;提钻后水位标高－162.70 m(当日副井水位标高－250.96 m,奥灰水位标高－161.35 m),与奥灰观测孔水位一致,远高于副井水位,判定该漏水位置与导水通道畅通。

(3) XY-3、XY-4 号钻孔注浆位置与通道连通性分析

两个钻孔均穿越采空区,为盖帽钻孔,在顶板以上(50.00～60.00 m,大致为"两带"发育高度)至采空区底板以下 20.00 m 范围(底板采掘影响范围)均发生多次漏失、注浆,测得水位多数与副井井筒水位相接近,少数水位明显偏高,与井筒水位和奥灰长观孔水位相差均较大(假水位),判断该段范围内漏失均与通道无联系。

两孔在过底板后均发生漏失,但均出现埋、卡钻事故,未测得水位,但两孔终孔位置与 XY-1 钻孔揭露漏失段距离很近(在平面上不大于 10.00 m),从注浆相通判断,底板 20.00 m 以下漏失点均与通道相连通。

7.5.2.2　通道受浆量计算

根据上述分析,XY-1 号孔 695.00～744.83 m、744.83～763.90 m、763.90～784.60 m、784.60～830.00 m 的注浆为通道受浆量,合计 24 147.0 m³;XY-2 号孔 710.00～730.00 m、760.00～780.00 m 的注浆为通道受浆量,合计 4 036.1 m³;XY-3 号孔 719.00～773.38 m、773.38～783.07 m 的注浆为通道受浆量,合计 7 085.2 m³;XY-4 号孔 716.74～736.02 m 的注浆为通道受浆量,合计 1 394.7 m³。

4 个钻孔在通道位置注浆量合计为 36 663.0 m³。

7.5.3　堵水前后奥灰长观孔水位变化情况

7.5.3.1　堵水前奥灰长观孔水位变化情况

(1) 2018 年 9 月 11 日—9 月 15 日,该阶段奥灰水位下降速率较快,奥灰水位标高从 −13.77 m 下降至 −100.00 m,平均下降速率为 0.90 m/h,该阶段奥灰水位和副井水位高差 较大,水头压差较大。

(2) 2018 年 9 月 15 日—9 月 22 日,该阶段奥灰水位下降速率较为平缓,奥灰水位标高 从 −100.00 m 下降至 −194.00 m,平均下降速率为 0.50 m/h,该阶段奥灰水位和副井水位 高差逐渐减小,水头压差逐渐减小。

(3) 2018 年 9 月 22 日—9 月 28 日,该阶段奥灰水位下降速率进一步减小,奥灰水位标 高从 −194.00 m 下降至 −228.00 m,平均下降速率为 0.23 m/h,该阶段奥灰水位下降较慢,副井水位上升较快,主要原因为井下采空区已基本充满水,容水体积逐渐减少。

(4) 2018 年 9 月 28 日—10 月 12 日,该阶段奥灰水位为上升趋势,奥灰水位标高从 −228.00 m 上升至 −193.00 m,平均上升速率为 0.11 m/h,由于奥灰水位和副井水位高差 逐渐减小,水头压差逐渐减小,该阶段突水点涌水量逐渐减小,奥灰水补给量大于漏失量,故 奥灰水位开始上升。

7.5.3.2　堵水后奥灰长观孔水位变化情况

(1) 2018 年 10 月 12 日—10 月 17 日,该阶段奥灰水位继续上升,奥灰水位标高从 −193.00 m 上升至 −177.80 m,平均上升速率为 0.127 m/h,该阶段各堵水钻孔已陆续开始 注浆,阶段注浆 22 753.3 m³。

(2) 2018 年 10 月 18 日—10 月 31 日,该阶段奥灰水位继续上升,奥灰水位标高从 −177.80 m 上升至 −145.59 m,平均上升速率为 0.093 m/h,该阶段各堵水钻孔正常注浆,阶段注浆 17 872.0 m³,累计注浆 40 625.3 m³。

(3) 2018 年 11 月 1 日—11 月 7 日 9:30,该阶段奥灰水位继续上升,副井水位持续下 降,奥灰水位标高从 −145.59 m 上升至 −134.53 m,平均上升速率为 0.072 m/h,该阶段各 堵水钻孔正常注浆,阶段注浆 6 691.78 m³,累计注浆 47 317.05 m³。

(4) 2018 年 11 月 7 日 9:30—11 月 8 日 9:30,该阶段副井开始试排水,奥灰水位标高从 −134.53 m 上升至 −132.90 m,平均上升速率为 0.068 m/h。

(5) 2018 年 11 月 8 日 9:30—11 月 19 日 9:00,该阶段副井正式采用 1 000 kW 水泵排

水。奥灰水位标高从－132.90 m上升至－117.53 m,平均上升速率为0.058 m/h,该阶段钻孔继续注浆,阶段注浆量9 197.48 m³,累计注浆量56 496.53 m³。

(6) 2018年11月19日9:17—2018年12月16日,奥灰水位标高从－117.53 m上升至－90.70 m,平均上升速率为0.041 4 m/h,该阶段钻孔继续注浆,阶段注浆量4 928.25 m³,累计注浆量61 424.78 m³。

7.5.4 堵水前后副井井筒水位变化情况

7.5.4.1 堵水前副井水位变化情况

(1) 2018年9月12日—9月28日,副井水位标高从－790.00 m上升至－344.00 m,平均上升速率为1.16 m/h。

(2) 2018年9月28日—10月12日,副井水位标高从－344.00 m上升至－198.00 m,平均上升速率为0.43 m/h。

7.5.4.2 堵水后副井水位变化情况

(1) 2018年10月12日—11月7日,副井水位开始下降,副井水位标高从－198.00 m下降至－294.88 m,平均下降速率为0.155 m/h,该阶段各堵水钻孔已陆续开始注浆。

(2) 2018年11月7日—12月16日,副井开始排水,副井水位标高从－294.88 m下降至－785.50 m,平均下降速率为0.52 m/h,副井累计排水量1 457 700.0 m³。

图7-20所示为奥灰长观孔和副井水位变化趋势图。

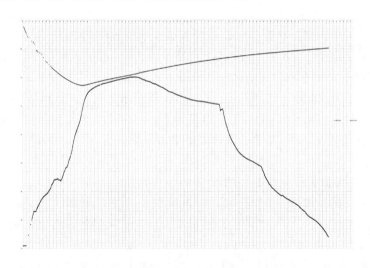

上面的连线为奥灰长观孔水位趋势线,下面的连线为副井水位趋势线。

图7-20 奥灰长观孔和副井水位变化趋势图(9月10日—12月16日)

7.5.5 帽体防隔水能力评价

7.5.5.1 采空区体积计算

采空区体积(包括周边巷道),在采掘图上用CAD软件直接读取采空区面积($S = 7\ 406.0$ m²),再乘以采掘厚度($m = 4.00$ m)。

考虑 1313 采空区为现采采空区,顶板为软岩,随采掘及时垮落,采空区垮落后空隙计算系数取 $a=0.5$。

$$V_1 = Sma = 7\,406 \times 4.00 \times 0.5 = 14\,812.0 \text{ m}^3$$

根据经验计算,采空区垮落后可充填空隙体积(V_1)为 14 812.0 m³。

由于采空区与两巷连通,注浆沿两巷延伸,两巷充填长度按 100.00 m 计算,巷道宽 4.00 m,体积 $V_2 = 3\,200.0$ m³。

采空区应充填的空间为 $V_{孔隙} = V_1 + V_2 = 18\,012.0$ m³。

7.5.5.2 采空区充填系数评价分析

盖帽孔注浆密度平均在 1.50 g/mL,对应水灰比 1:1,每吨水泥能制水泥浆约 1.33 m³,盖帽注浆量换算为体积应为:$V_充 = 11\,518.16 \times 1.33 = 15\,319.0$ m³。

采空区充填系数为:$b = V_充 / V_{孔隙} = 15\,319 \div 18\,012 \times 100\% = 85\%$。

考虑从停采线附近注浆,钻孔揭露采空区的注浆点均在出水点附近,切眼附近为相对封闭空间,切眼局部极可能未充填,考虑该因素,4 个钻孔盖帽注浆位置附近的充填系数应大于计算值(85%),或两巷充填长度应大于估算取值(100.00 m)。综合评价采空区充填系数 85%,盖帽注浆充填效果较好。

7.5.5.3 帽体防隔水能力评价

帽体防隔水能力可从《煤矿防治水细则》防隔水煤柱尺寸要求和注浆抵抗压力(帽体段未下套管隔离)两个方面评价。

(1)《煤矿防治水细则》防隔水煤柱尺寸要求

考虑盖帽孔附近(出水点周围)充填效果较好,两巷充填距离应大于 100.00 m,帽体与停采线前煤层组合成一体,视为防隔水煤柱,宽度按 100.00 m 考虑。

停采线后视为一含水体——老空或导水构造(已充填,按含水体评价帽体隔水能力),充填两巷和停采线前煤层视为防隔水煤柱,按《煤矿防治水细则》附录六计算防隔水煤柱所需宽度:

$$L = 0.5KM\sqrt{3p/K_p}$$

式中　　L——煤柱的留设宽度,m;

　　　　K——安全系数,一般取 2~5,本次取最大值 5;

　　　　M——煤层厚度或者采高,1313 工作面煤层采厚 4.00 m;

　　　　p——实际水头值,按工作面标高位置奥灰水头值应为 6.5 MPa;

　　　　K_p——煤的抗拉强度,按经验证取值 1.0 MPa。

根据以上取值,计算所需防隔水煤柱宽度为 44.15 m,远小于两巷估算充填距离,盖帽体防隔水能力满足安全距离要求。

(2)帽体抵抗压力分析

因 XY-3、XY-4 两孔完成盖帽注浆后,向下延深过程中出现埋、卡钻事故,煤层段遗留钻具,而且受后期钻孔注浆影响,终止注浆压力虽较大,仅作评价参考。本次采用 XY-1、XY-2 两孔后期裸孔段(含煤层)注浆终止的压力进行评价。

各孔盖帽段注浆数据见表 7-26。

表 7-26　各孔盖帽段注浆数据表

注浆段深度/m	注浆起止时间		注浆量/t	浆液密度/(g/L)	终压/MPa
XY-1 号孔					
702.00～704.00	2018/10/5 11:50	2018/10/5 16:40	128.0	1.6	
784.60～830.00	2018/11/6 1:30	2018/11/9 11:40	2 372.0	1.4	7
695.00～830.00	2018/11/14 4:00	2018/11/26 16:50	5 068.0	1.5	9
695.00～820.00	2018/12/3 15:32	2018/12/5 20:30	545.1	1.4～1.6	4
695.00～820.00	2018/12/6 9:25	2018/12/6 14:43	65.6	1.3～1.5	9
695.00～820.00	2018/12/3 13:00	2018/12/16 7:04	1 153.5	1.3～1.5	12
XY-2 号孔					
683.63～706.56	2018/10/14	2018/10/19	3 000.0	1.6	注砂堵塞
690.00～710.60	2018/10/21	2018/10/22	700.0	1.6	8(双液)
690.00～710.60	2018/10/24	2018/10/25	702.5	1.5	4
690.00～712.00	2018/10/27	2018/10/28	500.0	1.6	0.1
695.00～712.00	2018/10/30	2018/11/2	2 800.0	1.6	4.5
683.00～817.00	2018/11/15	2018/11/25	4 036.1	1.4～1.5	13.5
XY-3 号孔					
645.00～651.50	2018/10/4 20:30	2018/10/5 0:00	40.0	1.5～1.7	
643.50～648.00	2018/10/9 20:10	2018/10/11 0:30	418.96	1.6	
648.00～715.45	2018/10/12 22:30	2018/10/16 9:00	4 375.1	1.5～1.6	
715.00～734.51	2018/10/17 13:50	2018/10/19 18:05	3 241.7	1.6	4
773～783.07	2018/11/9 11:35	2018/11/18 17:40	3 779.9	1.2～1.3～1.4	9.8
XY-4 号孔					
657.00～689.21	2018/10/11	2018/10/12	1 690.0	1.6	
689.21～707.21	2018/10/14	2018/10/19	4 913.0	1.6	10
707.21～716.74	2018/10/19	2018/10/20	2 038.0	1.6	
707.21～716.74	2018/10/22	2018/10.22	97.2	1.5	4

　　XY-1 孔在后期裸孔段注浆 5 次(见表 7-26),盖帽段(煤层底板 20.00 m 以上)均裸孔,注浆后终止压力有 3 次≥9.0 MPa,大于工作面处奥灰水头压力(6.5 MPa),停注后压力虽有下降,但最大压力 12.0 MPa 未击穿盖帽体与煤层组合的防隔水煤柱。多次起压后仍有消耗,推断起压过程中水柱压力加地面注浆泵压力之和为 16.0～19.0 MPa,大于煤层的抗压能力,为后期高压造缝出现的煤层渗漏,最终漏失量小于 1.0 L/min。XY-1 分支孔注浆后,扫孔至三煤以下 710.00 m 处,替清水提钻,孔口注满清水,对煤层做静水压力下的水位下降观测。

　　XY-1 号孔分支注浆后,孔内灌满水,水位自然下降,见表 7-27。净水压力超过 6.5 MPa,水量消耗不超过 1 L/min,并且逐渐下降至 0.1 L/min,通过静水压力试验说明堵水效果良好。

表 7-27　XY-1 孔口注满清水后水位观测记录

日期	时间	水位深度 /m	和出水点 的高差/m	降深/m	降水量/L	每分钟 降水量/mL
12/17	23:44	0.00	684.50	0.00	0.00	0.00
12/18	3:00	9.60	674.90	9.60	192	1 000.0
	5:00	11.90	672.60	2.30	46	383.3
	7:00	13.30	671.20	1.40	28	233.3
	9:05	14.60	669.90	1.30	26	208.0
	10:51	15.70	668.80	1.10	22	207.5
	18:54	19.10	665.40	3.40	68	187.3
	20:04	19.40	665.10	0.30	6	85.7
	20:52	19.60	664.90	0.20	4	83.3
	23:57	20.40	664.10	0.80	16	86.5
12/19	6:47	22.50	662.00	2.10	42	102.4
	8:49	23.10	661.40	0.60	12	98.4
	10:56	23.40	661.10	0.30	6	47.2
	12:43	23.90	660.60	0.50	10	93.5
	14:47	24.20	660.30	0.30	6	48.4
	16:54	24.91	659.59	0.71	14.2	111.8
	19:02	25.40	659.10	0.49	9.8	75.6
	20:55	25.78	658.72	0.38	7.6	65.0
12/20	0:20	26.18	658.32	0.40	8.0	43.2
	7:05	27.90	656.60	1.72	34.4	85.0
	9:36	28.30	656.20	0.40	8.0	53.0
	14:47	29.57	654.93	1.27	25.4	81.7
	19:12	30.78	653.72	1.21	24.2	91.3
	22:28	31.90	652.60	1.12	22.4	115.5
12/21	7:24	33.30	651.20	1.40	28.0	52.2

XY-2 孔在盖帽完成后,注浆 1 次,终止压力 13.5 MPa,不漏失。

两孔盖帽体注浆终止压力分别为 12.0 MPa 和 13.5 MPa,再加水柱自重,盖帽体实际抗压应为 19.0～20.5 MPa,均未发生压穿盖帽体而出现大量漏失情况,盖帽体与煤壁组合实际抵抗压力为工作面出水点处奥灰水头压力(6.5 MPa)的 3 倍,满足安全要求。

从规范规定和实际注浆验证,盖帽体与停采线前的煤层组合层的防隔水煤柱均能满足防水要求。

7.5.6　突水通道的封堵及防隔水能力计算

7.5.6.1　通道类型分析

(1)本工作面布置在断层保护煤柱之外,附近也没有落差超过 5.00 m 的断层,因此认为本次突水不是断层引起的突水。

（2）按照矿井水文地质资料，三灰、八灰、十下灰等灰岩地层富水性较弱，未发现有大的溶洞，在水泥浆的扩散半径之内，含水层的裂隙不会存储超过 36 000.0 m³ 的水泥浆，推断在钻孔轨迹附近存在大的导水（储水）构造。

（3）通道注浆过程中，吸浆量大，注浆时间长，井口产生负压现象，说明通道十分畅通，受浆容积大。根据以往注浆堵水经验，本次注浆与断层通道注浆特征不相符，较符合陷落柱吸浆特征，所以突水通道类型推测为陷落柱。

综合上述各种情况，认为导水构造是隐伏陷落柱的可能性最大。导水陷落柱示意图如图 7-21 所示。

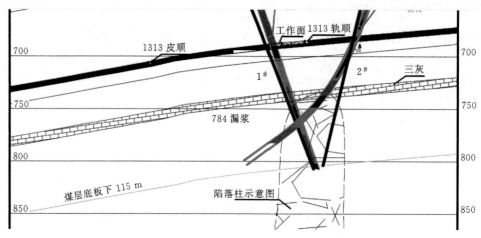

图 7-21　导水陷落柱示意图

7.5.6.2　通道加固垂直高度

通道注浆钻孔 XY-1 号孔煤层底板垂深 691.24 m，终孔垂深 806.59 m，位于煤层底板以下垂直深度 115.35 m；XY-2 号孔煤层底板垂深 686.94 m，终孔垂深 807.03 m，位于煤层底板以下垂直深度 120.09 m。按扩散半径 30.00 m 计算（岩石裂隙中最小值），两孔加固垂直高度应分别为 145.35 m 和 150.09 m。

7.5.6.3　通道内密实程度分析

（1）通道密实方式

本次地面钻探注浆堵水采用下行注浆的模式，通过井口压力表显示的压力大小，判断突水通道的封堵情况。钻孔在钻进的过程中遇到钻井液漏失超过 10.0 m³/h 时，提钻，测水位注浆。在注浆过程中，井口压力达到预定的压力值时，表明地层通道被封堵，并能够承受一定的压力。为了封堵微小裂隙，需要反复多次注浆，最后孔口压力达到终压要求，才能停止注浆，封孔，工程结束。

（2）根据通道注浆过程、注浆量对通道密实程度的分析

因定向钻孔目前取芯钻进难度极大，现根据 XY-1 孔及其分支孔、XY-2 号孔，以及注浆过程、注浆量、压力等对通道内密实度进行分析评价。通道内注入的水泥浆量达 36 394.2 m³，XY-1 号孔经多次注浆加固通道后，终压达到 12.0 MPa，XY-2 号孔经多次注浆加固通道后，终压达到 13.5 MPa，XY-3 号孔经多次注浆加固通道后，终压达到 9.8 MPa，注浆终压

时吸浆量均小于设计的达到终压要求的注浆量。

7.5.6.4　通道注浆后隔水能力评价

按《煤矿防治水细则》附录五中的突水系数计算公式,评价底板隔水能力。

$$T_s = P/M$$

式中　T_s——突水系数;

　　　P——底板隔水层承受的实际水头值,取 3# 煤底板以下 145.35 m,对应的标高为 −795.35 m,换算成奥灰水压约为 7.95 MPa(奥灰水位标高 −13.30 m);

　　　M——底板隔水层厚度,取 145.35 m。

经计算,突水系数为 0.055 MPa/m,小于《煤矿防治水细则》一般不大于 0.06 MPa/m 的要求。另外,本次注浆既有盖帽,又有通道注浆堵水,受回采煤层底板破坏的影响,帽体与通道内的水泥充填物已联结为一体,其抵抗奥灰水压的能力是足够的。

7.5.7　副井排水过程对堵水效果的验证

7.5.7.1　副井排水过程中奥灰长观孔水位的变化

11 月 7 日 9 时,BQ550-850/10-2000/WS 潜水泵投入运行,副井水位开始明显下降,初始水位降低速率 1.90～3.00 m/h,奥灰水位未见明显波动,继续稳定上升。

11 月 19 日 9 时,BQ1100-850/10-4000/WS 潜水泵投入运行,与前期水泵共同抽排水,初始水位降低速率 0.80～1.70 m/h,奥灰水位未见明显波动,继续稳定上升。

通过 10 月 1 日至 12 月 18 日奥灰水位变化趋势,奥灰水位拟合二次曲线($y = −0.000\ 1x^2 + 0.242\ 9x − 221.95$,$R^2 = 0.999\ 3$)能很好地拟合奥灰水位的上涨趋势,中间未发现受副井井筒排水影响,说明奥灰含水层和井下空间的导水通道已基本封堵完毕。奥灰长观孔水位和副井水位的变化如图 7-22 所示。

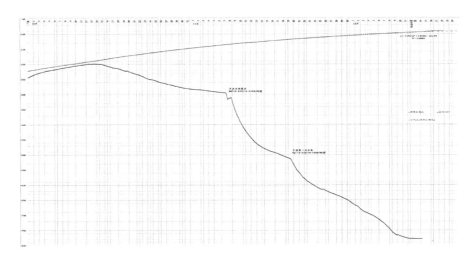

图 7-22　奥灰水位和副井水位变化图(10 月 1 日—12 月 18 日)

7.5.7.2　副井排水过程中 XY-1 分支孔水位的变化

XY-1 分支孔深度 820.00 m,钻孔水位标高 −117.71 m,奥灰长观孔水位标高 −94.40

m，两者高差约 23.31 m。此时副井水位标高－870.00 m，与钻孔水位标高相差 752.29 m。

12 月 18 日完成阶段性注浆后，钻孔内注满清水，观测水位，水位与奥灰和副井水位不存在关联性。钻孔内水位在 7 h 50 min 时间内下降 6.10 m（＋27.4 m 到＋21.3 m），平均每小时降深 0.78 m，钻孔合计渗水量 0.06 m³/h，如图 7-23 所示。

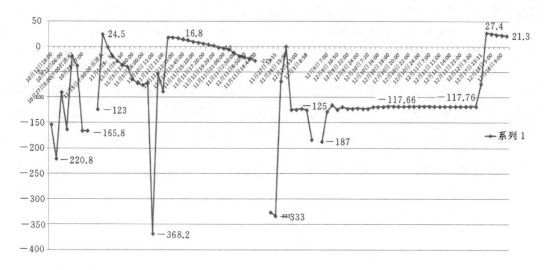

图 7-23　XY-1 孔分支孔水位变化图

如图 7-24 所示，XY-2 孔在注浆阶段性完成后测钻孔内水位，自 10 月 30 日以来，孔内水位均高于奥灰长观孔水位，与副井水位相差较大，说明该钻孔注浆形成的阻塞体基本隔绝了与奥灰含水层和井下巷道的连通。

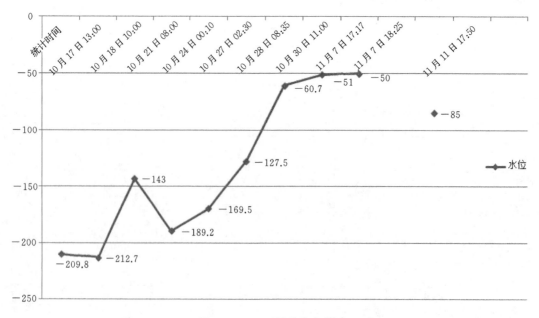

图 7-24　XY-2 孔水位变化图

7.5.8 副井排水过程取样水质化验成果分析

7.5.8.1 水质分析成果

2018 年 11 月 11 日、11 月 27 日和 12 月 12 日分别化验了副井抽水水质,通过对比原井下 1301 老空水、1309 老空水、奥灰抽水孔水和 1313 工作面突水,发现 Na^+ 有较大幅度上升,Ca^{2+} 离子有大幅降低,Mg^{2+} 有小幅降低,Cl^- 有小幅降低,SO_4^{2-} 有小幅降低,HCO_3^- 有大幅上升,见表 7-28。

表 7-28 副井排水取样水质及其他水质对比表

时间	水源	单位	K^+	Na^+	Ca^{2+}	Mg^{2+}	NH_4^+	Fe^{3+}	Fe^{2+}	Cl^-
2015.9.24	1301 老空水	mol/L	0.243	45.388	5.597	3.427	0.019	0	0	23.538
2017.5.10	1309 老空水	mol/L	0.331	41.685	16.761	11.353	0.113	0	0	30.215
2008.7.9	奥灰水	mol/L	0	51.827	37.080	11.87	0	0	0	59.987
2018.9.11	1313 突水	mol/L	0.715	47.981	23.244	13.364	0.147	0.006	0	55.7
2018.11.12	矿井水	mol/L	1.286	58.638	26.690	12.021	0.1	0	0	58.285
2018.11.27	矿井水	mol/L	1.189	62.233	22.005	10.617	0.156	0	0	52.463
2018.12.12	矿井水	mol/L	1.504	66.713	14.661	9.062	0.15	0.014	0	47.332
时间	水源	单位	SO_4^{2-}	HCO_3^-	F^-	CO_3^{2-}	NO_3^-	NO_2^-	矿化度	pH 值
2015.9.24	1301 老空水	mol/L	24.386	8.613	0.084	0	0.002	0.034	3.762	6.9
2017.5.10	1309 老空水	mol/L	36.624	3.677	0.047	0	0.008	0.003	4.516	7.4
2008.7.9	奥灰水	mol/L	39.137	2.453	0	0	0.013	0.001	6.49	7.27
2018.9.11	1313 突水	mol/L	30.626	1.964	0.086	0	0.01	0	5.349	7.9
2018.11.12	矿井水	mol/L	40.966	5.095	0.096	0	0.021	0	6.452	7.11
2018.11.27	矿井水	mol/L	39.474	6.664	0.066	0	0	0.188	6.236	7
2018.12.12	矿井水	mol/L	38.867	10.856	0.076	0	0.022	0.32	6.234	7.96

7.5.8.2 水质变化原因分析

由于奥灰含水层以高 Ca^{2+}、高 SO_4^{2-}、高矿化度和 pH 值 7～9 碱性为主要特征[石灰岩 $CaCO_3$,白云石 $(CaMg)CO_3$,石膏 $CaSO_4$],而矿井水中以砂岩裂隙水和老空水为主,缺少 Ca^{2+} 离子来源,而该矿井砂岩裂隙水中富含 HCO_3^- 离子(平均约 15 mol/L)。

由于目前矿井水呈现弱碱性,HCO_3^- 离子在碱性环境下易于和 Ca^{2+} 离子结合生成 $CaCO_3$ 沉淀,造成 Ca^{2+} 浓度急剧下降,这也说明目前矿井水中混入了相当一部分各个老空区内积存的顶板砂岩水,同时从另一方面显示出奥灰水目前补给量受注浆堵水的影响已经趋小,导致副井抽水水质无法与突水时初始水质保持一致,造成目前副井排水水质中各关键离子浓度与工作面取样及副井初始取样均有一定幅度变化。

7.5.9 结论与建议

(1)通过水质化验分析,本次突水水源为奥灰水。通过对 1313 工作面突水点周围老钻孔资料和断层发育情况进行分析,否定了钻孔、断层构造导致突水的可能性。通过 XY-1 孔钻进过程中浆液漏失,注浆时吸浆量大、先期注浆孔口阀门监测到负压,说明突水通道较大,而且畅通,符合陷落柱出水通道的特征;根据 XY-1 孔浆液漏失注浆时漏点的吸浆特征,说明陷落柱位于钻孔轨迹附近。1313 工作面突水通道为隐伏的陷落柱。

(2) 本次堵水施工钻孔 4 个,其中 XY-1、XY-2 是通道封堵孔,XY-3、XY-4 是盖帽孔,通过两个月的地面钻探注浆堵水施工,钻孔终孔孔深分别达到了设计的孔深要求;钻孔注浆结束压力达到了终压标准的压力要求。

(3) 4 个钻孔注入盖帽浆液 26 622.6 m³,注入通道浆液 36 394.2m³。经计算,帽体、通道防隔水能力达到《煤矿防治水细则》要求,奥灰水已被封堵。

(4) 恢复生产期间,加强对封堵区域的水文地质监测工作,防止次生灾害的发生。

(5) 进一步完善矿井的水文观测系统,为矿井的防治水提供依据。

8　某煤矿巷道突水堵水工程

2018年11月2日，该煤矿回风暗斜井掘进工作面发生出水溃砂事故，矿井被淹，1人被困。

灾情点位于－820水平回风大巷－345 m到变坡点迎头处，回风暗斜井停掘迎头处，上距新近系约113.5 m。岩层结构情况：顶板以泥岩、粉砂岩为主，占地层厚度的87%，原岩结构松散、强度低，遇水极易沙化、泥化，该地层为稳定性极差的特殊地层。根据矿井勘探资料，新近系厚483.0～650.75 m，其中上段厚213.6～307.1 m，平均265.13 m，上部以厚层黏土、砂质黏土为主，夹粉砂岩、细砂岩及黏土质砂；下部为细砂、粉砂、黏土质粉砂夹黏土，大部未固结，砂层松软，富水性较强；下段厚189.4～377.3 m，平均310.33 m，主要为厚层黏土、砂质、粉砂质黏土，局部夹粉砂、细砂薄层，大部未固结，底部为含较多钙质结核或砾石的黏土及黏土质砂、砾层，富水性中等。

据矿方现场抢险救援阶段性总结资料，本次出水溃砂量有可能超过2万 m^3（其中大约90%的砂、10%的水），从本次险情表现为水泥砂俱下、最近的N底界砂层观测孔水位下降超过52 m、水温23 ℃低于正常水温（35 ℃）等情况综合分析，本次出水溃砂水源为N底界砂层含水层，但出水溃砂通道及机理目前尚不清楚。

经集团、该煤矿和山东省煤田地质局第二勘探队商讨，确定总体方案：在冒落区东南40 m处布井，下套管对新生界进行封隔，继续向下钻进，遇漏即注浆加固，直井注浆加固达到终压；视钻井施工及注浆情况，可在该直井中侧钻施工分支井，沿巷道方向分别推进10 m、25 m、40 m进行注浆加固，注浆均达到终压。

8.1　钻井及注浆设计

8.1.1　井位

（1）井口坐标：

X：3 890 519.203，Y：20 396 844.306，Z：43.464

（2）靶点坐标见表8-1。

表8-1　靶点坐标

	X	Y	Z
WF1-1	3 890 537.920	20 396 809.420	－826.54
WF1-2	3 890 530.720	20 396 822.560	－826.54
WF1-3	3 890 523.160	20 396 835.530	－826.54

8.1.2 井身结构设计

（1）初始井身结构

井身结构设计数据见表 8-2。

表 8-2 井身结构设计数据

钻头尺寸/mm	孔深/m	套管层序	套管尺寸/mm	套管下深/m	水泥返深/m
245	770.00	表层套管	177.8	770.00	地面
152.4	870.00（直井）			裸眼	
	880.34（一分支）				
	874.12（二分支）				
	870.56（三分支）				

（2）井身结构调整

① 调整原因

通过分析和施工,发现涌水涌砂点附近水文地质条件已发生大的变化。原勘探时期,松散层段没有出现泥浆漏失情况,本孔施工中孔深 708.13 m 处发生泥浆全漏失,导致钻具被埋。根据邻近钻孔资料,此孔漏处为黏土层,说明井下巷道的涌水涌砂对松散层底界的砂层及砂层之上的黏土产生了扰动,无法按原方案继续向下施工。如果按照原方案施工,冲扫孔至泥浆漏失点附近以及再向下钻进时,极有可能会发生泥浆漏失情况,导致钻具再次被埋。现对方案做部分调整。

② 施工方案调整内容

a. 总体思路

原设计开孔 244.5 mm 井径,下入 177.8 mm 套管 770 m,改为一开为 380 mm 孔径,下入 244.5 mm 套管 673 m;二开为 215.9 mm 孔径,钻至 775 m,下入 177.8 mm 套管。

施工方案调整:

用 ϕ380 mm 合金钻头扩孔至 674.2 m,下入 244.5 mm×7.92 mm 的套管 673 m,并固井候凝。

二开用 ϕ215.9 mm 复合片钻头钻进 776 m,下入 177.8 mm×8.05 mm 的套管 775 m 并固井候凝。

井身结构设计数据见表 8-3,原井身结构示意图如图 8-1 所示,调整后井身结构示意图如图 8-2 所示。

表 8-3 井身结构设计数据

钻头尺寸/mm	孔深/m	套管层序	套管尺寸/mm	套管下深/m	水泥返深/m
380	674.20	表层套管	244.5	673.00	地面
215.9	776.00	技术套管	177.8	775.00	地面

表 8-3(续)

钻头尺寸/mm	孔深/m	套管层序	套管尺寸/mm	套管下深/m	水泥返深/m
152.4	870.00(直井)			裸眼	
	880.14(一分支)				
	873.99(二分支)				
	870.52(三分支)				

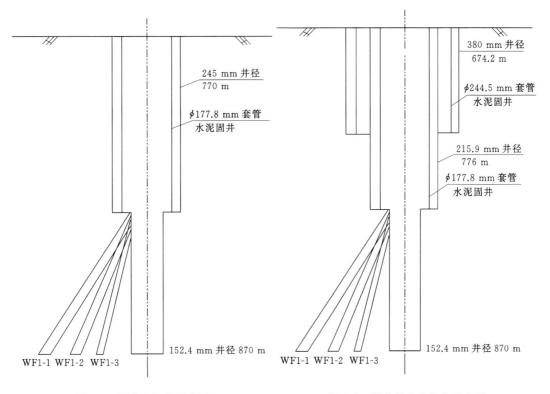

图 8-1　原井身结构示意图　　　　　图 8-2　调整后井身结构示意图

b. 钻具组合设计

钻具组合见表 8-4。

表 8-4　钻具组合

序号	钻进井段/m	下部钻具结构
1	一开(0—708.13)	ϕ245 mm 钻头＋ϕ165 mm 钻铤＋ϕ127 mm 钻杆
2	扩孔(0—674.2)	ϕ380 mm 钻头＋ϕ165 mm 钻铤＋ϕ127 mm 钻杆
3	二开(674.2—776)	ϕ215.9. mm 钻头＋ϕ165 mm 钻铤＋ϕ89 mm 钻杆
4	分支(1、2、3)	ϕ152.4 mm 钻头 ＋ϕ120 mm 螺杆＋ϕ121 mm 无磁钻铤＋ϕ89 mm 钻杆

8.1.3　轨道设计

第三次开钻及分支段（ϕ152.4 mm 井眼）：

（1）自造斜点采用 LWD 随钻随测监控井眼轨迹；根据实际情况采用滑动钻进和复合钻进两种方式施工，随时调整井斜方位。

（2）起钻时定向井工程师作定向井作业指令书，并优选造斜钻具，确保工具造斜能力。

（3）按定向井指令组合钻具，并积极配合定向井作业。

（4）在斜井段内钻具因故停止转动（洗井、机修等）时，钻具需 35 min 上提下放活动一次，活动距离不得小于 6 m。

（5）动力钻具入井，严禁划眼和悬空处理泥浆。遇阻时，活动钻具下放，若无效，起钻换钻具通井，以防划出歧眼。

（6）下钻前认真检测弯套度数，地面测试动力钻具，检查 LWD 仪器；下钻前钻井液性能稳定，达到设计要求，净化设备运转正常。

该井包含一个直井，三个分支井。轨迹设计数据见表 8-5、表 8-6、表 8-7。

表 8-5　WF1-1 轨迹设计数据表

测深/m	井斜/(°)	网格方位/(°)	垂深/m	北坐标/m	东坐标/m	视平移/m	狗腿度/(°/30 m)
770.00	0.00	298.21	770.00	0.00	0.00	0.00	0.00
800.00	11.77	298.21	799.79	1.45	−2.70	3.07	11.77
830.00	23.53	298.21	828.33	5.74	−10.71	12.15	11.77
860.00	35.30	298.21	854.41	12.70	−23.67	26.85	11.77
880.14	43.20	298.21	870.00	18.72	−34.89	39.58	11.77

表 8-6　WF1-2 轨迹设计数据表

测深/m	井斜/(°)	网格方位/(°)	垂深/m	北坐标/m	东坐标/m	视平移/m	狗腿度/(°/30 m)
770.00	0.00	297.91	770.00	0.00	0.00	0.00	0.00
800.00	7.98	297.91	799.90	0.98	−1.84	2.08	7.98
830.00	15.95	297.91	829.23	3.88	−7.33	8.30	7.98
860.00	23.93	297.91	857.41	8.67	−16.37	18.51	7.98
873.99	27.65	297.91	870.00	11.52	−21.75	24.60	7.98

表 8-7　WF1-3 轨迹设计数据表

测深/m	井斜/(°)	网格方位/(°)	垂深/m	北坐标/m	东坐标/m	视平移/m	狗腿度/(°/30 m)
770.00	0.00	294.27	770.00	0.00	0.00	0.00	0.00
800.00	6.00	294.27	799.95	0.65	−1.43	1.56	6.00
802.86	6.57	294.27	802.79	0.77	−1.72	1.87	6.00
830.00	6.57	294.27	829.75	2.05	−4.55	4.97	0.00
860.00	6.57	294.27	859.55	3.46	−7.68	8.39	0.00
870.52	6.57	294.27	870.00	3.96	−8.78	9.59	0.00

WF1 设计投影图如图 8-3、图 8-4 所示。

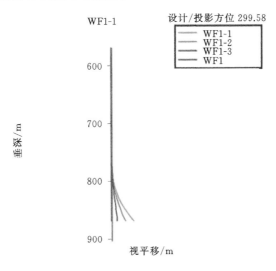

图 8-3   垂直投影图

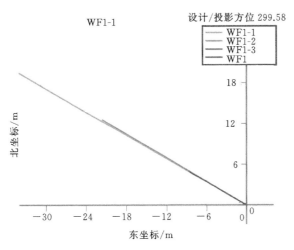

图 8-4   水平投影图

8.1.4   注浆设计

8.1.4.1   注浆步骤

（1）注浆工程

注浆采用二次射流搅拌制浆系统，由供电、供水、供储灰、制浆、注浆、输浆、止浆七大部分组成，可连续制浆注浆。

① 供电：变压器容量不低于 500 kV·A。

② 供水量：100 m³/h 以上。

③ 供储水泥：供水泥采用散水泥车。

④ 制浆系统：射流混合器，一次机械搅拌器，二次机械搅拌器，制浆能力达 50 m³/h。

⑤ 注浆输浆系统：注浆使用 850 及 NBB250/60 注浆泵，输浆孔外使用 1.5 in 高压胶管；孔内使用套管或钻杆。

⑥ 止浆：孔口采用蝶阀，孔底必要时采用止浆塞。

早强型注浆工艺流程如图 8-5 所示。

图 8-5　早强型注浆工艺流程

双液浆注浆工艺根据需要另定。

钻孔达到注浆层位后先进行压水试验，确定注浆工艺参数。压水试验参数达到注骨料要求时可注骨料，骨料先粗后细，之后再注水泥浆。注浆通常采用下行法注浆，见漏就注，边打边注直至终孔。注浆材料以 42.5R 散水泥为主。浆液类型以速凝早强浆液为主。

（2）技术要求

① 单孔注浆段结束标准为：吸浆量小于 50 L/min，受注点的注浆终压不小于受注点静水压力的 2 倍，稳压时间不少于 20 min。

② 注浆材料配比：根据压水试验和孔内情况确定。

③ 水泥浆每搅拌一池应测一次密度，密度误差不应大于 ±0.02 g/L。

（3）注意事项

① 注浆前各连接件应试压，必须连接牢固，确保安全。

② 注浆前施工泵及备用泵（不少于 3 台）均应试运转，必须正常，保证注浆过程的连续性。

③ 在正式注浆之前应试注浆，尽设备最大能力向孔内灌注清水，确定其连通性。

8.1.4.2　注浆站

（1）注浆设备

主要注浆设备见表 8-8。

表 8-8　主要注浆设备

序号	设备项目	数量	备注
1	注浆泵	4	
2	搅拌机	2	
3	清水泵	4	
4	注浆管线	若干	
5	洗车机	2	降尘

（2）注浆站建设

① 搅拌罐 2 个，一个在地面，一个在地下；

② 80 m³ 清水池 1 个，砖砌筑并用水泥砂浆抹面，可用塑料布铺设防漏；

③ 安放注浆泵及混浆池的地面硬化并搭简易棚顶。

注浆站布置平面图如图 8-6 所示。

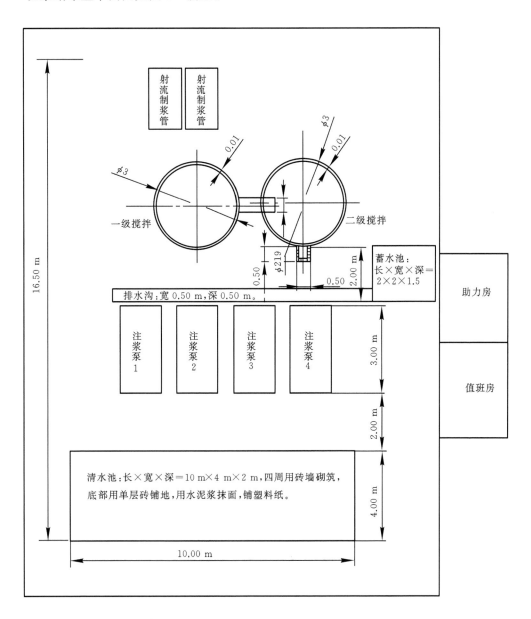

图 8-6　注浆站布置平面图

8.1.4.3　注浆方法与工艺

钻孔注浆目的是加固顶板上覆基岩,进行封堵止水。采用下行方式注浆,遇漏注浆封堵。根据钻探揭示的实际地质及水文地质条件,对钻孔的裸孔段,采取下行、大小间歇、复扫、复注的方式,达到注浆终止条件为止,凝固 24 h 后,继续钻进,遇漏重复注浆,直至设计终孔深度为止。

在静水条件下采用单液水泥浆为主,必要时可添加速凝材料(水玻璃)。

8.1.4.4 注浆材料与配比

水泥单液浆,水灰比根据实际涌失量选择,选择范围为 2∶1～0.7∶1。

应先稀后稠,从水灰比 2∶1 开始,根据漏失量及注浆泵起压情况,可逐渐加稠,先期水泥浆密度不宜大于 1.36 g/mL(水灰比不宜小于 1.5∶1),注浆泵起压不宜大于 1 MPa,以无压注浆为宜。

当单个漏失点注入水泥浆量大于 2 000 t,且大流量(60 m³/h)注浆仍不起压时,可逐步调稠水灰比至 1∶1。

当单个漏失点注入水泥浆量再增加 1 000 t,累计达到 3 000 t,且大流量(60 m³/h)注浆仍不起压时,可考虑添加速凝材料(水玻璃)。

单液水泥浆水灰质量比范围为 0.5∶1～2∶1,对应浆液密度为 1.65～1.29 g/mL,单液水泥浆密度可参考表 8-9。

表 8-9　水泥浆密度对比表

水灰比(质量)	0.7∶1	0.8∶1	0.9∶1	1∶1	1.5∶1	2∶1
浆液密度/(g/mL)	1.65	1.59	1.54	1.50	1.36	1.29

根据出砂量,本次注浆水泥量约为 12 000 t,水玻璃约 0.5 t,工业盐 25 t,三乙醇胺 2.5 t。

8.1.4.5 技术要求

(1) 注浆连续性要求

注浆过程中不宜间断,要保证水泥的供应;注浆设备及管路均需备用一台套。当出现切实无法连续注浆时,应压清水冲洗管路及通道,2 h 内的流量可保持与注浆量相同,2 h 以后,可减小流量,但不能小于注浆量的 0.5 倍,且不能间断。

(2) 注入的水泥浆液必须进行二次搅拌。

(3) 浆液配比控制。

为了确保浆液质量,必须配备波美度计,经常测试浆液浓度,如发现异常,应及时调整。

8.1.4.6 注浆流程及操作方法

(1) 准备阶段

① 钻孔二开钻进基岩时,通过测量漏失量,得知裂隙情况,为注浆积累第一手资料。

② 每次下钻前、提钻后,观测并记录钻孔稳定水位,分析钻孔水文情况与其他水位观测点的关系。

③ 参照注浆具体方案,根据单位吸水量、裂隙情况等估算注浆量,备足注浆材料。

④ 连接注浆管路,进行管路耐压试验,检查所有供电、供水、注浆设备,并经试运转合格。

⑤ 根据注浆需要配齐有关注浆设备。

⑥ 先压清水试验,根据漏失量情况决定注浆材料和方式。

(2) 注浆阶段

① 测量注浆泵实际泵量,根据泵量、浆液密度计算供水量、水泥量和添加剂数量,并选定调速螺旋推进器转速。

② 开启供水泵,通过调节阀门和流量调整供水量达到使用要求。

③ 开启供灰车,保持均匀下料和吸浆池搅拌机的连续运转。

④ 测量浆液实际密度,做好记录,并根据注浆情况对供水量和水泥量做适当调整,保持浆液密度的相对稳定。

⑤ 开启注浆泵,做注水试验,畅通裂隙,确定吸浆量。

⑥ 将注浆泵吸水笼头放入吸浆池内,按要求泵量注浆。

⑦ 注水泥浆时,及时做好注浆记录,不得漏测、漏记。

（3）注后处理阶段

① 为防止水泥浆堵管和提管后喷浆,每次注水泥浆结束时马上压清水,压入量为孔内体积的 1~2 倍为宜,直至泵压降至 0.2 MPa 以下。如出现压不进水的情况,应尽快提管冲洗。如需保留再次注浆的条件,则采用间歇压水方式,压水量一般为钻孔体积的 4 倍左右。

② 如注双液浆,提出并拆卸钻孔内注浆管路,把止浆塞、混合器等拆卸清洗后重新组装。

③ 清理搅拌池、吸浆管汇、注浆泵,对其他注浆设备进行检修维护,放净管路及设备积水。

④ 处理堵水孔,探查注后浆液凝固面、漏水段等,并清洗注浆泵,放净管路及设备积水,为下次注浆做准备。

8.1.4.7　技术操作要求

（1）上料、造浆、司泵严格执行工种岗位责任制,听从注浆指挥的安排,确保顺利实施。同时对积水水位和矿井涌水量及跑浆情况等加密观测,观测地点设专用电话或对讲机,观测结果要及时汇报注浆指挥部。

（2）注浆前都应对所有设备进行试运转合格,并有专人对其维护,特别是每次注双液前都必须对活塞、吸浆管、排水高压管以及各部接头处进行检查,混合器底阀结合严密,无泄漏。发现有磨损或泄漏、松动现象要及时排除。使用压力表质量必须合格。同时取得现场需用的各种水泥浆密度或水灰比数据下的送水量和下灰量的速度和重量,取得可靠的操作相关数据。

（3）每次注浆前后要进行泵量的测量。每次注入双液前都应对注浆系统进行加压试验,以便检验其工作能力和耐压状况,发现异常或达不到设计要求必须立即整改。

（4）要求注浆过程必须保证供水、供料的足量及时。要求对关键设备要留有一定的备用,作为发生意外情况时的应急措施。

（5）注浆操作时,要求供灰、水泥泵、水玻璃泵、供电供水系统、供料等都必须要有技术熟练的专人和责任心强的人员进行操作,且必须通力合作,听从指挥,注意力集中,能在出现异常的情况下有一定的处理经验,防止出现孔内注浆事故。

（6）所有钻机人员不要远离钻机,一旦发生中途起压,可以迅速打开孔口,把注浆钻具提上来,并立即下钻冲孔,进行注水打压,把双液凝固带打开,以利下一步继续注浆。

8.2　钻井工程实施

实钻井号:WF1 孔和分支 WF1-1。

实钻完钻井深:WF1 孔深 870.32 m,WF1-1 孔深 876.00 m。

8.2.1 主要钻井设备

主要钻井设备见表 8-10。

表 8-10 主要钻井设备

序号	设备项目	产地	备注
1	水源 2600	石家庄	
2	3NB500 泥浆泵	青州石油机械厂	
3	电动机	济南	380 kW、160 kW 各一台
4	ϕ89 mm 钻杆	中原特钢	
5	ϕ165/ϕ121 mm 钻铤	中原特钢	
6	ϕ120 螺杆	德州联合	
7	MWD 随钻测斜仪	海蓝	
8	ϕ121 无磁钻铤	中原特钢	

8.2.2 钻具组合

钻具组合见表 8-11。

表 8-11 钻具组合

序号	钻进井段/m	下部钻具结构
1	一开	ϕ245 mm 钻头+ϕ165 mm 钻铤+ϕ127 mm 钻杆
2	二开	ϕ152.4 mm 钻头 +ϕ121 mm 钻铤+ϕ89 mm 钻杆
3	分支	ϕ152.4 mm 钻头 +ϕ120 mm 螺杆+ϕ121 mm 无磁钻铤+ϕ89 mm 钻杆

8.2.3 钻头与钻井参数

钻井参数设计见表 8-12。

表 8-12 钻井参数设计

序号	井段	喷嘴组合 /mm	机械参数		水力参数			
			钻压 /kN	转速 /(r/min)	排量 /(L/s)	泵压 /MPa	钻头压降 /MPa	环空返速 /(m/s)
1	一开	16×3	40~60	40~80	34	0.5~3	1.85	0.54
2	二开	10+11+11	40~60	40~80	32	3~5	2	0.78
3	分支	10×3	依据螺杆参数					

8.2.4 钻井液体系和配方

一开井段：

预水化膨润土钻井液，配方：生产水＋5%～6%钠膨润土＋0.1%Na_2CO_3

二开井段：

聚合物低固相钻井液，配方：生产水＋3%～4%钠膨润土＋0.1%NaOH＋0.2%～0.3%聚丙烯酰胺＋0.5%～0.6%NH_4HPAN＋1% LF-TEX-1＋1%OSAM-K

处理剂：弱荧光防塌沥青 LF-TEX-1、OSAM-K

8.2.5 实钻轨迹

WF1-1 实钻轨迹参数见表 8-13，实际轨迹投影图如图 8-7 所示。

表 8-13 WF1-1 实钻轨迹参数

测深 /m	井斜 /(°)	网格方位 /(°)	垂深 /m	北坐标 /m	东坐标 /m	视平移 /m	狗腿度 /(°/30 m)
0.00	0.00	0.00	0.00	0.00	0.00	0.00	0.00
770.00	0.79	300.00	769.98	2.65	−4.60	5.31	0.03
778.98	1.01	299.80	778.95	2.72	−4.72	5.45	0.74
788.38	3.08	300.80	788.35	2.89	−5.01	5.78	6.61
797.96	6.20	302.00	797.90	3.30	−5.67	6.56	9.77
807.56	9.80	300.40	807.40	3.99	−6.81	7.89	11.27
817.03	13.60	298.30	816.67	4.93	−8.49	9.81	12.11
826.53	17.58	296.20	825.82	6.09	−10.76	12.36	12.69
836.38	22.37	296.40	835.08	7.58	−13.78	15.72	14.59
845.70	27.44	297.10	843.53	9.35	−17.28	19.64	16.35
855.32	33.07	297.40	851.83	11.57	−21.59	24.49	17.56
864.90	38.69	298.20	859.59	14.19	−26.55	30.10	17.66
876.00	45.00	298.50	867.86	17.70	−33.06	37.50	17.06

8.2.6 套管数据和井身结构

套管数据和井身结构见表 8-14。

表 8-14 套管数据和井身结构

	井深/m	扩孔深度/m	套管深度/m	套管规格/mm
一开	708.13	674	673	ϕ244.5
二开	770.00	770.00	770.03	ϕ177.8
三开	870.32			
WF1-1	876.00			

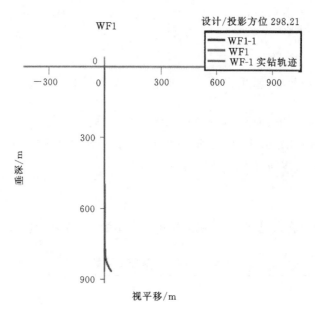

图 8-7 实际轨迹投影图

8.3 注浆堵水情况

注浆情况见表 8-15。

表 8-15 注浆情况表

井号	漏浆时间	漏浆井深 /m	漏浆量	注浆井深 /m	注浆段/m	注浆量 /m³	水泥浆密度 /(g/cm³)
WF1	2018 年 11 月 24 日 8:30	673.00	一开固井			59.7	1.50
	2018 年 11 月 26 日 6:00	716.00	全泵量	716.61	716.00~716.61	1 070.10	1.2—1.3—1.36
	2018 年 11 月 30 日 7:38	720.00	全泵量	725.97	720.00~725.97	1 668.50	1.5
	2018 年 12 月 04 日 0:40	770.00	全泵量	770.03	770.00~770.03	4 013.30	1.52~1.61
	2018 年 12 月 09 日 9:20	870.32	三开裸孔段封孔			2.60	1.7
WF1-1	2019 年 01 月 05 日 0:50	857.20	全泵量	876.00	857.20~876.00	5 669.90	1.5
	2019 年 01 月 12 日 23:40	876.00	全井封孔注浆			17.00	1.6

根据施工设计要求在冒落区东南 40 m 处布井,下套管对新生界进行封隔,继续向下钻进,遇漏即注浆加固,直井注浆加固达到终压,沿巷道方向推进 10 m 侧钻分支进行注浆加固,注浆均达到终压。

2018 年 11 月 3 日 22 时 30 分设备进场。2018 年 11 月 5 日 23:30 开钻,2018 年 11 月 24 日 9:08 下入 J55、ϕ244.50 mm 的石油套管 673.00 m,固井,注入密度 1.5 g/cm³ 的水泥浆 30 m³,密度 1.6 g/cm³ 的水泥浆 27 m³,然后压入 26 m³ 清水替浆,候凝。

2018 年 11 月 26 日 12:00 候凝完成,扫孔钻进。16:00 钻进至 716.00 m 泥浆全漏失,

顶漏钻进至 716.61 m,清水循环至全漏失,提钻注入密度 1.2～1.3 g/cm³ 的水泥浆,11 月 27 日 10:00 接矿方指示密度调整为 1.36 g/cm³,至 16:00 累计注入水泥浆 1 070 m³。

2018 年 11 月 30 日 7:38 钻进至 720.00 m,泥浆消耗量 80 m³,钻进至 721.00 m,泥浆全漏失,顶漏钻进至 725.97 m,提钻,注水泥浆,本次注浆量 1 668.5 m³。

2018 年 12 月 3 日钻进至 770.00 m,泥浆无消耗,提钻,更换 215.9 mm 钻头扩孔下入 J55,177.8 mm 套管,固井。注水泥浆压水后,不上返水泥浆,继续注水泥浆,本次共注水泥浆 4 013.3 m³,19:40 注水 15.6 m³,候凝。

2018 年 12 月 9 日 WF1 孔封裸孔段。

2019 年 1 月 2 日定向钻进至 876.00 m,其中钻至 857.20 m 泥浆消耗量 14.85 m³/h,钻进至 876.00 m 时泥浆全漏失,提钻准备注水泥浆,本次共注水泥浆 5 669.9 m³,7:00 至 8:20 注清水 21 m³,压力起至 4 MPa,憋压候凝。

2019 年 1 月 12 日 8:20 井口泄压,准备封孔。23:40 下钻准备封孔。1 月 13 日 5:30 封孔完成,本次封孔共注入水泥 17 m³,候凝,完井。至此,圆满完成了堵水任务。

9 某煤矿 2228 工作面堵水

9.1 工程设计

9.1.1 工程基本情况

2018 年 3 月 3 日 14 时该矿−1 097 m 水平的 2228 工作面掘进中第一次来压。3 月 4 日 2 时 22 分再次来压,水量约 60 m³/h,随后水量逐渐增大,7 日下午,突水量接近 800 m³/h,2228 工作面被淹。13 日 13 时达到峰值水量 2 649 m³/h,之后突水量逐步减小,至 3 月 15 日 23 时,突水量降为 1 618 m³/h。

为了确保治理过程中的安全,决定采用地面治理方案。做到堵源根治,重点对采空区下方范围内 SF27 断层组及 SF86 断层上下盘进行治理。

(1)工程名称

某矿 2228 工作面出水治理进 2 孔钻探及堵水工程

(2)工程性质

SF27、F23、SF86 探查、通道探查,注浆封堵

(3)设计工程量

设计钻孔为地面定向孔进 2 孔,主孔 1 个+定向孔 2 个,主孔(斜直孔段+造斜孔段),造斜深度 1 386.51 m(垂深 1 209.05 m),定向孔 2-1 井深 1 721.40 m(垂深 1 227.91 m)、定向孔 2-2 井深 1 739.01 m(垂深 1 318.92 m)。

9.1.2 工程技术要求

9.1.2.1 钻孔结构

一开 φ311.15 mm 钻头钻进 0~360.30 m(垂深 360.30 m),进入基岩段 10 m,下 φ244.5 mm×8.94 mm 孔口管,水泥永久性封固。

二开 φ215.9 mm 钻头钻进至 1 386.51 m(垂深 1 209.05 m),进入奥灰 5 m,下 φ177.8 mm×8.05 mm 井管,水泥封固。

三开 φ152.4 mm 钻头先施工进 2-1 孔,钻至 1 721.40 m(垂深 1 227.91 m),进入奥灰 48 m;后自 1 386.51 m 处侧钻施工进 2-2 孔,钻至 1 739.01 m(垂深 1 318.92 m),进入奥灰 140 m;两分支孔均沿奥灰灰岩地层顺层钻进。

钻孔结构参数见表 9-1。

表 9-1　进 2 钻孔结构参数

工序	孔径/mm	深度/m	套管/mm	长度/m	壁厚/mm	备注
一开	ϕ311.15	0~363.30	ϕ244.55	360.30	8.94	进入基岩 10 m
二开	ϕ215.9	363.30~1 386.51	ϕ177.8	1 386.51	8.05	进入奥灰 5 m
三开	ϕ152.4	沿奥灰灰岩顺层钻进 2-1/2-2			

9.1.2.2　固井要求

对所下套管均采用 425 号纯水泥浆做全孔壁后注浆封固,注浆 3 d 后,扫孔到井底下 0.5 m,严格按规程做注水试验,观测 8 h,每小时水位下降不超过 10 mm,否则重新注浆封固。

9.1.2.3　井眼轨迹

严格控制钻孔轨迹,严格按照控制点施钻,关键控制点偏差不超过 1.5 m,钻孔轨迹与设计轨迹偏差不超过 5 m。在不影响钻孔安全和现有钻探技术手段能实现的前提下,矿方对控制点的空间坐标(经纬度、垂深)会根据情况做出调整。开孔位置:X:38549856.48 ;Y:4106027.25 ;H:+54.34m。井眼轨迹如图 9-1 所示,相关参数见表 9-2、表 9-3、表 9-4。

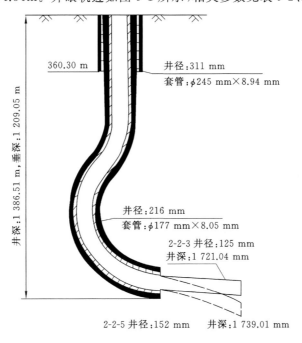

图 9-1　设计井眼轨迹

表 9-2　进 2 孔控制点参数

控制点	X	Y	Z	地面标高	垂深/m	孔深/m	备注
进 2-1-1	38 549 846.48	4 106 056.61	−562.56	54.34	616.90		
进 2-1-2	38 549 897.48	4 105 902.61	−1 154.71	54.34	1 209.05	1 721.4	奥灰 5 m,二开套管口
进 2-1-3	38 549 998.22	4 105 584.11	−1 173.57	54.34	1 227.91		穿 F23、F86 进入奥灰
进 2-2-1	38 549 998.22	4 105 584.11	−1 264.58	54.34	1 318.92	1 739.01	穿 F23、F86 进入奥灰

表 9-3 进 2 孔(2-1-3)轨迹设计参数

深度/m	井斜/(°)	方位/(°)	垂深/m	南/北/m	东/西/m	狗腿度/(°/30m)	备注
0	0	0	0	0	0	0	
369.4	1.54	169.14	369.60	−4.88	0.94	0.12	
379.21	1.41	178.84	379.16	−5.12	0.96	0.88	
388.90	1.19	187.34	388.85	−5.34	0.95	0.90	
398.52	0.92	207.14	398.47	−5.51	0.90	1.40	
408.27	1.23	197.04	408.22	−5.68	0.84	1.11	
418.01	1.32	225.74	417.95	−5.86	0.73	1.96	
427.69	1.14	230.94	427.63	−6.00	0.57	0.66	
437.49	1.36	230.24	437.43	−6.13	0.41	0.68	
450.00	1.34	242.96	449.94	−6.31	−0.03	0.00	
460.00	1.53	288.69	459.93	−6.32	−0.26	3.387	
620.01	18.92	342.89	616.89	19.37	−10.00	3.387	
630.00	20.70	341.64	626.29	22.59	−11.03	5.501	
770.00	31.03	337.13	748.65	85.16	−36.56	0.00	
771.56	31.03	337.13	749.99	85.90	−36.87	0.00	
780.00	29.44	337.03	757.28	89.81	−38.53	5.659	
790.00	27.55	336.89	766.07	94.21	−40.39	5.659	
1 390.00	85.64	158.77	1 209.05	−137.85	42.28	5.659	
1 400.00	87.53	158.74	1 209.91	−147.15	45.89	5.659	
1 402.20	87.94	158.73	1 210.00	−149.20	46.69	5.659	
1 410.00	87.88	158.92	1 210.28	−156.47	49.51	0.764	
1 690.00	85.87	165.77	1 225.55	−422.71	134.26	0.764	
1 720.00	85.66	166.51	1 227.77	−451.76	141.43	0.764	
1 721.40	85.65	166.54	1 227.91	−453.11	141.75	0.764	进入奥灰 48 m

表 9-4 进 2 孔(2-2-1)轨迹设计参数

深度/m	井斜/(°)	方位/(°)	垂深/m	南/北/m	东/西/m	狗腿度/(°/30m)	备注
1 386.51	84.98	158.78	1 209.05	−134.63	41.00	0.000	奥灰 5 m,二开套管
1 390.00	84.36	158.95	1 209.37	−137.87	42.25	5.500	
1 400.00	82.59	159.42	1 210.51	−147.16	45.78	5.500	
1 410.00	80.82	159.90	1 211.95	−156.44	49.22	5.500	
1 420.00	79.05	160.39	1 213.70	−165.70	52.57	5.500	
1 430.00	77.28	160.88	1 215.75	−174.93	55.81	5.500	
1 440.00	75.51	161.37	1 218.10	−184.13	58.96	5.500	
1 450.00	73.74	161.88	1 220.75	−193.28	62.00	5.500	进入奥灰 140 m
1 460.00	71.98	162.39	1 223.70	−202.37	64.93	5.500	

表 9-4(续)

深度/m	井斜/(°)	方位/(°)	垂深/m	南/北/m	东/西/m	狗腿度/(°/30m)	备注
1 660.00	70.01	162.98	1291.90	−382.13	120.01	0.000	
1 670.00	70.01	162.98	1 295.32	−391.12	122.76	0.000	
1 680.00	70.01	162.98	1 298.74	−400.10	125.51	0.000	
1 690.00	70.01	162.98	1 302.16	−409.09	128.26	0.000	
1 700.00	70.01	162.98	1 305.58	−418.07	131.01	0.000	
1 710.00	70.01	162.98	1 309.00	−427.06	133.76	0.000	
1 720.00	70.01	162.98	1 312.42	−436.04	136.51	0.000	
1 730.00	70.01	162.98	1 315.84	−445.03	139.26	0.000	
1 739.01	70.01	162.98	1 318.92	−453.13	141.74	0.000	

9.1.2.4 施工要求

严格按钻探规程施工,严防掉钻埋钻等钻探事故。

9.1.2.5 录井要求

(1)岩屑录井:二开以下裸眼段综合录井,奥灰段要求随钻伽马测井,特殊地段根据需要取芯。

(2)钻时录井:自基岩段每1 m记录1个点,至完井。随时记录钻时突变点,以便及时发现煤层,卡准煤层深、厚度。尽量保持钻井参数的相对稳定,以便提高钻时参数反映地层岩性的有效性,并记录造成卡钻时的非地质因素。必须经常核对钻具长度和井深,每打完一个单根和起钻前必须校对井深,井深误差不得超过0.1 m。全井漏取钻时点数不得超过总数的0.5%,目的层井段钻时点不得漏取。

(3)钻井液录井:每8 h做一次全性能测定;每2 h测定一次一般性能(密度、黏度)。煤层井段显示异常时,要连续测定钻井液密度、黏度,并做好记录。

9.1.2.6 奥灰水位观测

奥灰钻进中注意观察钻井液消耗量,钻孔遇见钻井液漏失量大于5 m³/h时,则再向前钻进5 m后停钻,停钻前需清水置换钻井液,替浆后冲孔,冲孔时间1 h。提钻后,观察孔内水位。

钻进中出现全泵量漏失时,起钻,压水,观测水位。

终孔后,停钻,替浆,冲孔,提钻后观测水位。

观测水位要求:最少观测3次,每次间隔30 min,要求最后两次水位差不大于1.0 m。观测水位后,准备注浆。

9.1.2.7 水文观测及钻井液消耗量记录

全井钻进过程中严格做好简易水文观测记录工作。每次起钻后、下钻前各测量一次水位(井筒液面);每钻进1 h记录一次钻井液消耗量(泥浆池液面),进入煤系地层后每1 h记录一次钻井液消耗量,不足1 h但大于30 min也应该观测钻井液消耗量。

9.1.2.8 做好钻孔原始记录

如遇漏水、塌孔、缩径、掉钻等现象时,要详细记录发生的层位、深度及量值,对换径、变层等重要环节也要详细记录。

钻孔及造斜段完成后，进行地球物理测井，与岩屑录井对比分析，准确判断各标准层层位。

9.2 工程实施

钻井设备：采用 T130XD 钻机。

9.2.1 施工顺序

一开 ϕ311.15 mm 钻头钻进 0～360.30 m（垂深 360.30 m），进入基岩段 10 m。地球物理测井，测井项目：视电阻率，自然电位，天然放射性，人工放射性，井斜角，方位角。下 ϕ244.5 mm×8.94 mm 孔口管，采用 R42.5 水泥永久性封固。

二开 ϕ215.9 mm 钻头钻进至 1 386.51 m（垂深 1 209.05 m），进入奥灰 5 m。地球物理测井，测井项目：视电阻率，自然电位，天然放射性，人工放射性，井斜角，方位角。下 ϕ177.8 mm×8.05 mm 井管，采用 R42.5 水泥封固。

三开 ϕ152.4 钻头先施工进 2-1 孔，钻至 1 721.40 m（垂深 1 227.91 m），进入奥灰 48 m；后自 1 386.51 m 处侧钻施工进 2-2 孔，钻至 1739.01 m（垂深 1 318.92 m），进入奥灰 140 m。两分支孔均沿奥灰灰岩地层顺层钻进。

9.2.2 钻探工艺

9.2.2.1 钻具组合

一开：ϕ311.15 mm 压轮钻头＋ϕ203 mm 钻铤 1 柱＋ϕ177.8 mm 钻铤 2 柱＋ϕ165 mm 钻铤 3 柱＋ϕ89 mm 钻杆

二开：ϕ215.9 mmPDC 钻头＋ϕ172 mm 螺杆钻具＋ϕ165 mm 无磁钻铤＋ϕ165 mm 钻铤 1 柱＋ϕ89 mm 钻杆

三开：ϕ152.4 mmPDC 钻头＋ϕ127 mm 螺杆钻具＋ϕ121 mm 无磁钻铤＋ϕ89 mm 加重钻杆＋ϕ89 mm 钻杆

9.2.2.2 钻井参数

钻井参数见表 9-5。

表 9-5　各井段钻井参数表

钻孔程序	钻头	钻头尺寸/mm	钻压/kN	转速/(r/min)	排量/(L/s)	泵压/MPa	备注
一开	压轮	311.15	10～80	60～80	35～40	0～5	
二开	PDC	215.9	20～50	70～200	25～35	5～12	螺杆复合
三开	PDC	152.4	20～40	70～200	15～20	8～15	螺杆复合

9.2.2.3 钻井液

一开：以防塌防漏为主，膨润土泥浆，必要时加入适量降失水剂和稀释剂。

二开：无固相聚合物钻井液。

配方：纯碱，高黏 CMC，PAC-141 或水解聚丙烯酰胺、增黏剂、润滑剂。

性能:密度 1.02～1.05 g/cm³,漏斗黏度 20～30 s,失水量<8 mL/30min,泥皮厚<1 mm,含砂量<0.4%,pH 值 8～9。

性能维护:用好搅拌器、振动筛、除砂器、除泥器,控制好含砂量、泥饼。添加润滑剂、抑制剂,使钻井液有良好的润滑性、抑制性和携砂能力。施工中认真观测冲洗液性能,及时调整。调浆时,用搅拌机调整好顺循环槽缓慢流入泥浆池。起钻前不能调浆,以防密度不均造成喷浆。不得直接向钻井液中加清水。

三开:为了及时发现漏失层,并有效注浆封堵漏失层,奥灰钻进用清水作钻井液。

9.2.2.4 钻进技术措施

(1) 从设备安装、钻具组合、钻进参数等方面入手,确保轨迹合乎设计要求。

(2) 起、下钻要控制速度,有遇阻显示时立即划眼。

(3) 必须对全部下井钻具探伤,确保钻具完好。

(4) 确保钻井液性能合乎要求,有较强的悬浮和携砂能力。

(5) 如遇漏失层,漏失较严重时,应及时提钻,防止卡钻,然后清水替浆、洗井,抽水至水清砂净。

(6) 接单根前必须认真划眼,停泵无阻后方可接单根,并做到早开泵、晚关泵,减少岩屑下沉。

9.2.2.5 下套管及固井

套管进场后,清点套管数量、型号是否与清单一致。套管长度与强度必须符合设计要求。会同甲方对套管内、外表面及外观质量进行验证,要求不允许有可见的裂纹、折叠、结疤、轧折和离层;无明显弯曲、椭圆、凹凸等现象。套管必须有专人负责序号检查,防止错乱。

钻孔准备:分析测井、地质、地层资料。完钻孔深要达到设计要求,质量符合设计要求,井眼干净、不漏,并用圆孔器圆孔、套管试下(长度不小于 20 m 的同径套管),钻井液性能调整好。

套管准备:严格按套管设计顺序,并通径、编号,由工程技术人员组织丈量,做好记录。备用套管标上明显标记,与下井套管分开摆放。

工器具准备:下管工具配备齐全,易损部件应有备用件,对所有工具的规格、尺寸、承载力、磨损程度、安全性、可靠性进行检查。

设备检查:对设备进行一次全面检查,保证在扫孔、下管及固井期间设备正常连续运转。主要对地面设备、井架、提升系统、绞车、天车、游动滑轮、大钩、吊环、钢丝绳及绳卡、钻井泵、指重表、泵压表等进行严格细致的检查,保证各部位安全、可靠,运转正常,仪表准确灵活。

下管方法:套管下完后,校对下深、下入根数,并记录存档。

固井:固井作业要连续进行,中途不停顿。水泥浆返至地面。

9.2.2.6 钻孔轨迹控制

严格按标准安装设备,特别是转盘、天车、井口一线,偏差<10 mm,试运转。

斜直孔采用 MWD 无线随钻测斜系统,配合螺杆定向钻具控制顶角、方位角,以便及时调整钻进参数。

造斜段及近水平顺层段采用 MWD 无线随钻测斜系统配合伽马地质导向,螺杆定向钻具控制井眼轨迹。

MWD 无线随钻测斜仪(带伽马)技术参数:

① 仪器性能参数

孔斜:示值误差≤±0.1°(0～180°)

方位:示值误差≤±1.0°(0～360°,孔斜≥5°)

高边工作面方位:示值误差±1.0°(0～360°)

磁性工作面方位:示值误差±1.0°(0～360°)

② 仪器其他参数

工作环境温度:≥125 ℃

仪器最大耐压:≥120 MPa

仪器外形尺寸:≤ϕ48 mm

单节电池工作时间:≥200 h,≥150 h(伽马)

探管工作时间:≥1 000 h(检验保养间隔)

脉冲发生器保养间隔:≥200 h(检验保养间隔)

③ 仪器工作环境参数

仪器抗冲击:≥1 000 g/10 ms

抗振动:≥20g

泥浆信号强度:72～290 PSI

④ 伽马探管技术参数

测量范围:0～500 API

测量精度:±5%

灵敏度:2 cps/API

垂直分辨率:173 mm/6.8 in

伽马仪垂深符合率:±0.5 m

加强 MWD 设备的检验校验,确保灵敏,精度可靠。在钻井液全漏失时,MWD 不工作,此时不应继续钻进,确需钻进时要控制进尺不超过 5 m。为保证 MWD 信号良好,应控制钻井液中固相含量。

9.2.2.7　操作要求

(1) 根据资料确定靶点坐标,确定各分支孔具体轨迹点参数。三开井段,要严密监测轨迹变化,保证实钻轨迹不出靶区。

(2) 从钻具组合、钻井参数入手,确保轨迹合乎设计要求。所有钻杆均为斜坡钻杆,以防提钻时钻杆接头遇阻。孔斜达 60°时,必须对全部下井钻具探伤,确保钻具完好。

(3) 在斜直孔段钻进后,应对定向孔段进行划眼,划眼时适度控制钻压。每次下钻到上一只钻头钻井的井段,要缓慢下放,如遇阻,立即划眼。

(4) 起、下钻要控制速度,遇阻时不能强拉硬压,要及时开泵。

(5) 确保钻井液性能。遇漏水严重时,先用水泥浆封堵,再继续钻进。

(6) 定向孔段每 50～60 m 要起、下钻具一次,防止岩屑沉积卡钻。采用短起、下钻具和分段循环的方法清除岩屑。接单根前必须认真划眼,停泵无阻后方可接单根,并做到早开泵晚关泵,减少岩屑下沉。

9.2.2.8　重点环节控制

(1) 防塌

钻遇煤层时要防塌,适度提高黏度切力,加入防塌剂,加强钻井液维护,保证孔内安全。

太原组岩层,岩性为泥岩、砂岩、煤层、断层带等,局部岩芯破碎,遇水易坍塌。加强钻井液失水量控制,尤其是穿越断层带时。

(2)防键槽卡钻、吸附卡钻

维护好钻井液,使其有良好的润滑性;钻具不能长时间停滞;必要时短起、下清砂和修正孔壁;调整钻井液密度,尽量实现近平衡钻进;控制钻井液固相处于最低值;尽可能使用振击器。

(3)防钻具断脱

采用螺杆钻进,常存在泵压高、钻孔顶角变化大等因素,易发生钻具刺穿等断钻具事故,要采用高质量钻具,并加强探伤检查,对钻具丈量做好记录,备好打捞工具,特别是根据钻具规格,准备合适的打捞筒(水平段打捞螺杆)、打捞矛(水平段打捞钻具)等。

9.3 质量及效率评价

由于在进 2 孔的施工中,既要避开煤矿井下巷道,又要穿过四个靶点,设计六个拐点,秤钩状的轨迹。由于钻具组合合理,尽管井眼轨迹复杂,仍然非常平滑,实钻轨迹和设计轨迹高度吻合。四个靶点的偏差均在 0.2 m 范围内。正位移 589.47 m,最大负位移－143.92 m。钻孔穿过四个奥灰地层内的断层带。

本次施工在现场施工的六支队伍中创造了三个第一:

(1)钻探效率第一:螺杆＋PDC 钻头,复合钻进,奥灰地层平均钻时 2 min/m,相比相邻井队奥灰 1～2 m/h 的钻速,快得超乎想象。

(2)钻探精度第一:4 次侧钻均一次成功,轨迹控制平缓,实钻轨迹和设计轨迹高度吻合,在 4 次水平井段的施工中,共穿过 4 个靶点,误差均在 0.2 m 范围以内,全部成功穿越物探预测的 4 个突水点。

(3)工作量第一:累计完成进尺 3 284.04 m,其中水平进尺 1 286.83 m,共注浆 8 次,累计注浆 8 221.1 m³,水泥用量 1 227.095 t,扫水泥塞 7 次,全孔段注浆封闭 1 次,几乎相当于其余 5 支队伍工作量的总和。

10 某煤矿副井井筒外注浆

10.1 工程概况

2017年1月1日该矿副井井壁在381～418 m、在井筒中心偏南和东南处出现3个出水点,涌水中含泥沙,水量14～16 m³/h。经矿方、集团公司及外聘专家研究,决定采取井壁打钻泄压、注浆等措施治理。到1月5日包括泄压钻孔涌水,水量已超过60 m³/h,涌出泥沙超过50 m³/d。专家分析认为,井筒大量涌水带沙后会对井壁外附近部分地层造成扰动,形成一定的孔隙、空洞,继续发展可能会对井筒安全造成影响。因此专家组研究认为,必须从地面施工含水层注浆充填加固钻孔,对井筒涌水带沙后受扰动的地层进行充填、压密、固结。1月5日专家组提出了《副井地面注浆方案》,由于先期施工单位设备能力弱,该矿委托山东省安监局指派山东省煤田地质局第二勘探队接续施工D-1钻孔,根据D-1钻孔施工及井筒治理情况再研究确定是否需要施工后续钻孔。

2017年1月7日10:10接到山东省安监局的电话:该矿井突水、涌砂,需要应急救援。险情就是命令,必须争分夺秒。山东煤田二队的进口全液压车载T130XD钻机立即开赴现场,7日晚8:20前到达现场,其他设备连夜装车,于8日凌晨4点到达施工现场。

根据救援指挥部指示,为争取时间,新汶矿业集团地质勘探有限责任公司先进行D-1钻孔的一开施工,然后吊离井架换用山东省煤田地质局第二勘探队的T130钻机继续施工。

10.2 工程实施

10.2.1 技术方案

(1) φ400 mm钻头钻进井深15.50 m后下入两根φ339.7 mm×9.65 mm、钢级N80套管固井;然后采用φ311.15 mm三牙轮钻头钻进井深340.00 m,下入φ219.08 mm×7.72 mm、钢级N80套管保护井壁,固井,水泥浆返至地面;再采用φ171 mm三牙轮钻头钻进至井深440.00 m,水泥封孔,扫水泥塞至井深330.00 m完钻。如施工中遇到地层漏失现象,采用水泥注浆方式堵漏,堵漏结束后,方可继续钻进。

(2) 为了控制井斜,钻进过程中多加钻铤,钻进中多次通过单点测斜监测井斜变化,根据测斜数据及时调整钻进参数,保持钻井的垂直、井底位移2 m。

(3) 针对地质结构复杂、垮塌漏失严重等情况,为保证钻进安全,钻进中采取大排量、轻钻压、多划眼等措施,以避免卡钻事故的发生。

(4) 利用三牙轮钻头+直螺杆工艺钻进,钻进速度快,有效控制井斜。

10.2.2　井身结构

钻孔井身结构参数见表 10-1。

表 10-1　D-1 孔井身结构参数表

孔号	一开孔深	二开孔深	完钻孔深	一开套管	二开套管
D-1	$\phi 400$ mm $\times 15.50$ m	$\phi 311.15$ mm $\times 337.00$ m	$\phi 171.00$ mm $\times 445.00$ m	$\phi 339.7$ mm $\times 15.28$ m	$\phi 219.08$ mm $\times 337.00$ m

D-1 孔井身结构如图 10-1 所示。

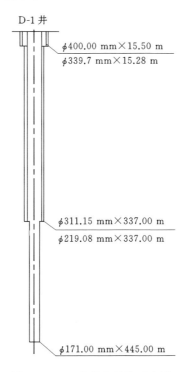

图 10-1　D-1 孔井身结构示意图

10.2.3　钻井工程

10.2.3.1　钻井设备

该工程使用钻机及附属设备见表 10-2。

表 10-2　D-1 孔所用钻机及其主要设备配备表

序号	名称	型号	数量	制造厂商或产地	出厂时间	使用年限
1	车载钻机	T130XD	1 台	美国	2006.1	15
2	泥浆泵	3NB-500	1 台	山东	2010.3	15
3	配电柜		3 台	山东	2015.6	15

表 10-2(续)

序号	名称	型号	数量	制造厂商或产地	出厂时间	使用年限
4	测量仪	电子单点	1 套	北京六合伟业	2014.7	10
5	螺杆	ϕ165 mm	2 根	山东	2016.12	5
6	无磁钻铤	ϕ159 mm	1 根	中原特钢	2014.1	15
7	钻铤	ϕ159 mm ϕ121 mm	8 根	石家庄	2012.10	15

10.2.3.2　施工过程

D-1 号抢险孔于 2017 年 1 月 7 日 12:00 开钻,使用 ϕ400 mm 钻头采用膨润土浆钻井液钻进,钻至 15.50 m 一开结束(由新汶矿业集团地质勘探有限责任公司施工),山东省煤田地质局第二勘探队下入山东产 ϕ339.7 mm 表层套管 15.28 m,水泥封固。

1 月 9 日 15:50 使用 ϕ311.15 mm 三牙轮钻头采用低固相钻井二开钻进,上部地层施工顺利,钻井液正常消耗;1 月 11 日钻进至井深 118.70 m 砂层消耗,消耗量约 8 m³/h,停钻,调配钻井液,继续钻进,钻井液正常消耗。2017 年 1 月 11 日下午该矿副井抢险指挥部召开会议,针对现场实际情况对原设计进行了优化,二开孔深定为 335.00~337.00 m。于 2017 年 1 月 13 日 20:00 钻进至井深 337.00 二开完钻,1 月 13 日 21:30—1 月 14 日 3:30 下套管,下入山东产外径 219.08 mm、壁厚 7.72 mm、钢级 N80 套管 32 根,套管全长 337.00 m,套管下深 337.00 m。1 月 14 日 5:00—5:45 固井,注前置液 2.5 m³,注水泥 21 t,替清水 10 m³,水泥浆返出地面。

候凝 23.25 h 后下钻,下钻井深 330.00 m 遇阻,水泥塞厚 7.00 m,扫塞结束后于 2017 年 1 月 15 日 13:00 使用 ϕ171 mm 三牙轮钻头采用低固相钻井三开钻进,钻进至井深 406.00 m,钻井液出现大量消耗,钻进至井深 408.00 m 起钻,共漏失钻井液 20 m³,最大漏失量 0.3 m³/min。起钻完成后固井车调制水泥浆,开始第一次注浆。由新汶矿业集团地质勘探有限责任公司采用 NBB250 泥浆泵配合注水泥浆,共注入水泥 230.85 t,水泥浆 650 m³,结束压力 1.1 MPa,加固完成。1 月 17 日 16:00 下钻冲扫孔,1 月 18 日 2:07 井深 340 m 遇阻,扫水泥塞,4:00 扫孔至 406 m 开始漏浆,408 m 漏浆明显,共计漏浆 13.5 m³;7:55 钻进至 435 m,漏浆 10.6 m³;8:50 钻进至 445 m,提钻后第二次注浆。1 月 19 日 00:50 停止注浆,注入水泥 75.00 t,水泥浆 240 m³,结束压力 1.1 MPa。1 月 19 日 12:00 下钻扫水泥塞,扫至孔深 444.00 m,孔筒内出现漏失,共漏失钻井液 35 m³,漏速快,决定起钻。于 1 月 20 日 6:00 起至二开技术套管处,后调配钻井液,加入膨润土 5 t、锯末 300 kg,下钻继续扫塞,扫至孔深 445.00 m,钻井液漏失共计 43 m³。根据现场地层及施工情况,及时汇报矿方,矿方决定起钻注第三次水泥浆加固。2017 年 1 月 21 日注浆结束,本次注浆水泥量 70 t,水泥浆 175 m³,下钻扫水泥塞至孔深 330.00 m,完孔。本钻孔注浆共注水泥浆 1 065 m³,计 375.85 t 水泥。

10.2.3.3　钻孔测斜

为使钻孔能垂直、井底位移 2 m,施工过程中利用测斜仪实时监控孔斜,见表 10-3。

表10-3 D-1孔钻井测斜设备及测斜数据表

设备名称	设备数量	监测点数	监测数据			
			井深/m	井斜/(°)	井底位移/m	磁方位/(°)
测斜绞车	1台					
电子单点测斜仪	1套	9	55	0.3	0.14	95.5
			101	1.2	0.29	307.1
			146	0.9	0.98	260.3
			208	0.6	1.61	337.8
			235	0.4	1.63	102.5
			280	0.4	1.59	351.4
			325	0.4	1.77	16
			375	0.6	1.95	246.8
			430	0.8	2.1	38.9

注:由于注浆水泥凝固后较硬,在扫水泥塞的过程中,钻孔偏离原来轨迹,造成井斜偏大,井底位移2.1 m。

10.2.3.4 套管数据

一开下入山东产 ϕ339.7 mm 表层套管至孔深 15.28 m(表 10-4);二开下入山东产 ϕ219.08 mm 技术套管,壁厚 8.05 mm,短圆扣,至孔深 337.00 m(表 10-5)。

表10-4 表层套管(ϕ339.7 mm)数据表

序号	产地	钢级	管径/mm	壁厚/mm	接箍及扣型	长度/m	累计长度/m	下深/m	备注
1	山东	N80	339.7	9.65	短圆扣	3.60	3.60	15.28	孔深15.50 m
2	山东	N80	339.7	9.65	短圆扣	11.68	15.28	11.68	

表10-5 D-1孔技术套管(ϕ219.08 mm)数据表

序号	长度/m	累计长度/m	下深/m	序号	长度/m	累计长度/m	下深/m
1	7.01	7.01	337.00	17	10.51	175.96	171.55
2	10.36	17.37	329.99	18	10.51	186.47	161.04
3	10.90	28.27	319.63	19	10.89	197.36	150.53
4	11.03	39.30	308.73	20	10.48	207.84	139.64
5	10.50	49.80	297.70	21	10.80	218.64	129.16
6	10.81	60.61	287.20	22	11.03	229.67	118.36
7	10.09	70.70	276.39	23	10.72	240.39	107.33
8	10.54	81.24	266.30	24	10.88	251.27	96.61
9	10.15	91.39	255.76	25	10.86	262.13	85.73
10	10.36	101.75	245.61	26	10.82	272.95	74.87
11	10.53	112.28	235.25	27	10.60	283.55	64.05
12	10.78	123.06	224.72	28	11.01	294.56	53.45

表 10-5(续)

序号	长 度/m	累计长度/m	下 深/m	序号	长 度/m	累计长度/m	下 深/m
13	10.42	133.48	213.94	29	10.55	305.11	42.44
14	10.41	143.89	203.52	30	10.65	315.76	31.89
15	10.84	154.73	193.11	31	10.39	326.15	21.24
16	10.72	165.45	182.27	32	10.85	337.00	10.85

10.2.4　注浆施工

根据现场施工情况,钻孔施工和注浆过程中加强了与矿方井筒治理的协调配合,及时汇报专家及指挥部,及时研究分析、完善施工设计,确保了井上、井下的安全。由新汶矿业集团地质勘探有限责任公司采用 NBB250 泥浆泵配合注浆施工。

本钻孔在井深 406.00 m 附近出现空隙、裂隙、空洞,泥浆漏失量大;起钻完,采用下行注浆方式,对井筒漏失点出现的空隙、空洞注水泥浆进行充填加固;确保钻孔各含水层均得到有效封堵。

为了节约抢险时间,保证注浆水泥浆性能稳定,提高制浆效率,2017 年 1 月 13 日山东二队特意从山西晋城施工工地调一台固井车到救援现场。国内首次把石油固井车用于注浆制浆中,配制的浆液密度稳定、均匀可靠,质量优良,而且配制过程便捷、省时、环保、配制效率高。

山东省煤田地质局第二勘探队设计指导建立了注浆系统。注浆系统分三部分,即制浆、搅拌混浆、灌注浆。因为注浆量不大,不是长期注浆,所以注浆系统相对简单。

(1)制浆:水泥罐车到达现场后,用石油固井车制浆;

(2)搅拌混浆:石油固井车制浆后泵入混浆池,通过搅拌使水泥浆更加均匀,防止水泥沉淀;

(3)灌注浆:泵吸进搅拌后的浆液,注入孔内。

本孔注浆共注水泥浆 1 065 m³,计 375.85 t 水泥。

鉴于井壁主要涌水裂隙宽度小于 2 cm,充填材料以水泥为主。调制注入水泥浆,填充空洞、空缝、裂隙。注浆后期进行了水泥浆轻压灌注。为防止注浆压力过大对井壁造成人为破坏,注浆压力控制在泵压 1.5 MPa 以内;发现注浆起压及时停注、清洗泵及管路,直至不吃浆。至此,注浆堵水任务完成。

参 考 文 献

[1] 冯常英,刘殿有,皮微微,等.空气反循环连续取样在含金砾岩钻探中的应用[J].探矿工程(岩土钻掘工程),2016(2):48-52.

[2] 高广伟,张禄华.大直径钻孔救援的实践与思考:以山东平邑"12·25"石膏矿坍塌事故救援为例[J].中国应急管理,2016(3):74-75.

[3] 韩志勇.定向钻井设计与计算[M].东营:中国石油大学出版社,2011.

[4] 刘绍堂,官云兰.矿山灾害救援钻孔精准定位技术研究[J].河南理工大学学报(自然科学版),2013,32(3):260-264.

[5] 刘腾飞,汪芸.钻探技术在煤矿事故救援中的应用分析[J].矿业安全与环保,2010,37(4):86-88.

[6] 渠伟,李新年,张堃,等.大口径救援生命通道的施工工艺及钻具配置[J].中国安全生产科学技术,2016(S1):44-48.

[7] 宋元明,刘志军,王万生.快速钻孔技术在煤矿应急救援中的实践[J].中国安全科学学报,2004,14(6):63-65.

[8] 王怀洪,滕子军,于付国,等.煤层气钻井工程设计与施工[M].徐州:中国矿业大学出版社,2014.

[9] 王艳丽,许刘万,伍晓龙,等.大口径矿山抢险救援快速钻进技术[J].探矿工程(岩土钻掘工程),2015(8):1-5.

[10] 王志坚.矿山钻孔救援技术的研究与务实思考[J].中国安全生产科学技术,2011,7(1):5-9.

[11] 吴银奎.空气潜孔锤反循环钻进技术在矿山应急救援中的应用研究[J].广东化工,2013,40(14):92-93.

[12] 谢涛,陈林.矿山事故钻孔救援技术及配套提升装备的研制[J].起重运输机械,2015(2):69-74.

[13] 徐建飞,梁学进,赵晓波.水平井PDC钻头优化设计与应用[J].金刚石与磨料磨具工程,2017(1):74-77.

[14] 杨涛,杜兵建.山东平邑石膏矿矿难大口径救援钻孔施工技术[J].探矿工程(岩土钻掘工程),2017(5):19-23.

[15] 赵建伟,张强,马建军.大孔径地面专用钻孔在煤矿紧急避险系统中的应用[J].煤炭与化工,2015(10):121-122.